本书受到中国博士后科学基金面上项目《实验室研究的哲学意蕴》（2013M542250）以及重庆市博士后科学基金特别资助项目《实验室研究的哲学意蕴》(Xm201358)资助。

实验室研究的哲学意蕴

SHIYANSHI YANJIU DE
ZHEXUE YIYUN

邱德胜 著

一 缙 云 哲 学 文 库 一

U0305033

西南师范大学出版社

国家一级出版社　全国百佳图书出版单位

图书在版编目(CIP)数据

实验室研究的哲学意蕴 / 邱德胜著. — 重庆：西南师范大学出版社，2016.8

ISBN 978-7-5621-8016-6

Ⅰ.①实… Ⅱ.①邱… Ⅲ.①科学哲学－研究 Ⅳ.①N02

中国版本图书馆 CIP 数据核字(2016)第 144743 号

实验室研究的哲学意蕴

SHIYANSHI YANJIU DE ZHEXUE YIYUN

邱德胜　著

责任编辑：尹清强

装帧设计：闽江文化

排　　版：重庆大雅数码印刷有限公司·周敏

出版发行：西南师范大学出版社

　　　　　　地址：重庆市北碚区天生路 2 号

　　　　　　邮编：400715

　　　　　　网址：http://www.xscbs.com

　　　　　　市场营销部电话：023-68868624

印　　刷：重庆荟文印务有限公司

开　　本：720 mm×1030 mm　1/16

印　　张：12

字　　数：230 千字

版　　次：2016 年 8 月第 1 版

印　　次：2016 年 8 月第 1 次

书　　号：ISBN 978-7-5621-8016-6

定　　价：38.00 元

序

邱德胜君从英国来信说,他的博士论文修改后准备出版,希望我给他写一篇序。

记得四年前,德胜选择《实验室研究的哲学意蕴》为博士论文主题,我告诉他,这是一个值得下功夫的好题目,但不太容易做,一不留神就会写成一篇不痛不痒的述评。值得尝试,是因为当时学界非常关注SSK研究,而对有关学派、人物、著作的研究已经比较丰富了,需要有一些横向的、综合性的研究。实验室研究对于SSK研究来说,是一个可以聚焦于其上的问题。德胜迎难而上,拿下了这块硬骨头,在2012年顺利通过答辩,并获得好评。

而今,经过修改的书稿,比当初更加成熟了。我很高兴能够肯定地说,摆在面前的这部著作,对于SSK研究是一个很好的梳理;德胜君抓住实验室研究这个主题,对其理论背景、历史演进、核心价值和未来取向,进行了概要的、材料丰富的、有自己见解的说明。

实验室研究无论对正统科学哲学,还是对社会建构主义科学哲学研究都是极其重要的,不过在研究视角、研究方法、研究结论上却很不相同。德胜的著作展示了实验室研究作为科学哲学的一个研究领域的丰富性,并且恰当揭示了它们在理论展开时的关联性。

该著作将国外实验室研究的代表作以时间为序进行了详细介绍,进而提炼出实验室研究的主要理念与方法,包括自然主义的研究方法、人类学的田野调查方法、常人方法论的话语分析方法等等。作者对实验室研究代表著作中的案例进行了深度解读,一方面展示上述方法运用的特点,另一方面又揭示出这些方法存在的局限性。

该著作的主体是通过对《实验室生活》以及《制造知识》等实验室研究作品的分析，探讨社会建构论与科学知识的实验室建构。本书让读者了解，为什么实验室研究有助于说明科学知识是一种社会建构的产物，为什么其哲学立场会从传统科学哲学的自然实在论走向 SSK 的社会实在论，为什么对于自然科学的解释会从原来的自然本体论走向其后的社会本体论。

当然，作者注意到，拉图尔等人对实验室的日常实践的社会建构论的解读，引来了不绝于耳的批判之声。本书着重介绍了那些克服 SSK 局限性的努力。例如，拉图尔等人借助诸如行动者网络理论，重新恢复自然对于科学知识产生的合法地位，以此形成一种自然与社会、物质与人类平权的态势，从而走向关于科学的异质建构论。又如，不同于主客二分的传统将科学看作一种既成的知识，皮克林、哈金等人主张把科学看作一种动态的实践：重要的不是去搞清楚科学知识背后的隐藏秩序，而是考察行动中的科学，从表征性语言表述转向操作性语言描述，进而走向关于科学的实践建构论。

作者在本书中还特别注意避免 SSK 研究否定或回避客观性的倾向。德胜指出，在皮克林、哈金等人看来，科学是一个过程，而不是一种表征，既不是对自然的表征，也不是对社会的表征，而是一个蕴含过程实在性与客观性的丰富实践过程。科学的这种实践本性不能在原有表征科学观的视域中得到说明，而必须借助于操作性语言描述。只有借助于操作性语言描述，我们才能全面理解作为实践或是作为研究的科学。传统意义上的科学是一种对确定性的追求，科学仅仅被当作一种知识而存在，现在我们很有必要将科学看作一种研究，这种作为研究或实践的科学，将是一种与研究过程中诸多因素相关并在时间链条上的重新聚合。

所谓实践过程的客观性，作者认为，乃是皮克林所说的"经由与物质力量与各种规训力量（它们本身就不依从于任何个体意义的主体）对抗而实现的对人类力量的动机性结构的脱离"。[1] 作者进一步论证道，实验室中的一切异质性要素，包括人类、理论以及作为技术产品的仪器设备，都是平权的，都有自己的生命。波普尔认为："理论也有其自身的

---

[1] Andrew Pickering. The Mangle of Practice：Time，Agency，and Science[M].Chicago：University of Chicago Press，1995：195.

生命";海德格尔认为:"技术有其自己的生命"。而实验室作为多种异质性因素的交互空间,无论是从"实践的冲撞"还是从"表征与干预"的语境出发,我们都可以将实验室的科学实践看作以观念的形式存在的理论、以仪器设备存在的技术产品以及以科学家身份存在的人类相互作用的过程,如是,多种生命交互作用的过程在时间维度上的逐渐展开便表现为过程的客观性。就如同哈金所说的那样:"实验有其自己的生命",而实验的生命就是一种过程客观性的体现。

　　类似的精彩讨论在本书中不胜枚举,请大家自己去分享。这篇序必须就此打住了。最后我想说,学无止境,德胜君在博士论文的基础上又有所斩获,这自然得之于他的勤奋,但和他在 SSK 研究的元老之一柯林斯名下的访学经历也是不无关系的。

刘大椿
2015 年仲夏于中国人民大学宜园

　　科学的力量有目共睹,科学对于当代世界不可或缺,然而,它在给
人类带来福祉的同时也导致了许多不幸事件的发生。人们质疑科学的
社会功能的同时,一些老生常谈的话题再一次成为了人们关注的焦点:
科学究竟是什么? 客观性、实在性以及真理性是科学的本质特征还是
人类对它的褒奖? 科学是对自然的真实写照还是一种主观的社会建
构? 随着这些问题的凸显,人们发起了关于科学的新一轮反思。与以
往不同的是,人们不再停留于对科学的哲学思辨,而是着力于考察科学
知识的生产过程,试图揭示科学知识生产背后不为人知的秘密。实验
室作为科学知识生产的第一现场无疑成为了人们关注的焦点,实验室
研究由此产生。

　　实验室研究是 20 世纪 60 年代出现于西方的一个重要的研究领
域,它的产生有着复杂的社会历史背景与文化根源。概略说来,比较直
接的有三个:第一个是从辩护到批判:话语转换中的科学哲学;第二个
是从宏观到微观:视域转向中的科学知识社会学;第三个是从异域到本
土:场点转移中的人类学。尤其是基于科学知识社会学纲领的实验室
研究更是引人注目,因为研究者将科学知识视为一种社会建构的产物,
自然在科学知识的生产中基本不起什么作用。为了获得科学知识社会
建构论的第一手证据,一些哲学家、社会学家开始以人类学家的身份深
入多个国家的著名实验室,他们采用了不同于传统哲学思辨的一些新
的研究方法,如自然主义与经验主义的研究方法、人类学的田野调查与
民族志方法以及常人方法论的话语分析与工作研究方法等等。

　　在社会建构论纲领的指导下,拉图尔、诺尔—塞蒂纳等人来到实验
室,他们不仅对科学事实与科学论文的建构过程做了详尽的考察和分

析,还指出科学知识正如他们所述的那样是一种社会建构的产物。然而,社会建构论及其实验室研究由于理论的预设性、方法运用的不彻底性和不规范性以及结论的偏狭性等遭到了来自社会各界的批评,科学知识社会学的内部也开始分化。作为对实验室研究的拓展,基于对前述观点的改良,拉图尔、皮克林等人开始将关注的重点从实验室之内转移到实验室之外,他们不再简单地将社会因素看作科学知识形成的决定因素,而是通过行动者网络理论、实践的冲撞理论等生发出异质建构论和实践建构论的科学观。科学的异质建构论与实践建构论不仅导引了自然的回归,而且打破了传统哲学的主客二分模式,它们不仅将人类与非人类因素融为一体,还将时间因素赋予对科学的理解之中。然而,异质与实践建构论并不完美,我们需要做的是将科学放到一个大的背景下来理解,在关注科学知识内在建构的同时,也注重科学技术与社会关系的考察,摒弃对科学理解的妖魔化,进而还科学一个真实的面目。

本书旨在通过对实验室研究的背景、方法等的梳理以及对科学知识的社会建构论、异质建构论及实践建构论的延展性解读,最后导引出一种新的科学观。本书将为社会大众走近科学、理解科学以及反思科学提供全新视角的同时,还有一个基本的旨趣就是:借助对当代科学知识社会学、科学哲学、科学社会学、人类学、常人方法论等一系列学科的理论体系与最新进展的评述,基于拉图尔、诺尔—塞蒂纳、林奇、皮克林、柯林斯、哈金、劳斯等众多当代一流学者思想的评介,为国内学界在相关领域的深度研究提供新的研究基础与理论资源,进而尝试提出一种作为日常实践的科学观。

一般而言,实验室研究就是以实验室为研究对象的研究,根据实验室研究内容的不同,其又有广义和狭义之分。广义的实验室研究主要是指历史学家或社会学家进行的关于实验室的历史兴起,实验室工作的管理组织及这种组织对创造力的影响、对科学家职业生涯的影响,实验室交流的性质及新信息流动模式等的研究;而狭义的实验室研究则是指具有不同学术背景的学者将实验室作为田野调查的基地,他们以人类学家的身份进入实验室并通过对实验室的长期持续观察,依据对实验室环境、仪器设备、科学家的日常生活和科学研究、实验室文化、实验室与外界的交往等的详细记载与分析,最终写出研究报告或专著等实验室民族志作品的研究形式。本书涉及的实验室研究主要局限(但不完全)于狭义的范围(后文不再另做说明),并且不是作者本人深入实验室的一阶研究,而是关于实验室研究作品的二阶研究,即主要依据他人关于实验室研究的一手民族志作品及其解读而展开,其基本思路是通过对实验室研究的历史与现状的概述进一步分析实验室研究的背景、实验室研究的理念与方法,由此提炼、生发出实验室研究的哲学意蕴。

一、国内外研究现状与文献综述

总体而言,关于实验室研究的一手文献并不多,主要原因是对实验室直接从事人类学考察的个案不多,但在实验室研究所提供的有限材料的基础上,除了实验室研究者本人外,其他学者也可以结合这些材料做一些研究,并表达他们对这些材料的理解,从而得出他们的科学观。但对于科学这样一种"显赫"的社会现象而言,不同学者的看法经常是不同的,这甚至造成了 20 世纪末的科学大战。事实上,不仅是科学家与人文学者之间存在着分歧,就连人文学者之间的观点也经常相左。既然相左,自然就会有争论,有了争论,就有可能提出新的改良方案。因此,关于实验室研究的文献综述就不仅仅是实验室研究的民族志综述,而是围绕着实验室研究作品及其观点演进的文献综述。基于以上考虑,以下的文献综述就按照从一手文献到二手文献,从国外到国内的线索逐次铺开。

(一)国外研究现状与文献综述

国外最早的实验室研究出现于 20 世纪 60 年代,它们分别在至少五个国家独立展开,所涉领域也不尽相同,包括生物学、化学、生物化学、神经生理学、野生生态学以及高能物理学等等,其中美国社会学家斯华茨对加州大学劳伦斯实验室的研究,加拿大人类学家安德森对费米实验室的研究以及印度科研机构对印度实验室的研究相对比较系统。但由于这些研究受传统科学体制的范式影响较大,没有对实验室的日常实践、科学家的日常交流做详细的记载和分析,因而没有引起足够的重视。

与早期的实验室研究不同,20 世纪 70 年代之后出现的实验室研究被赋予了新的意义。总体说来,这段时间的实验室研究,由于研究者具有不同的研究纲领,他们写出来的民族志作品也就具有了不同的风貌。基于这种考虑,这些实验室研究及其一手作品可被分为以下三种类型:

第一种类型是基于科学知识社会学(sociology of scientific knowledge,简称 SSK)的社会建构论纲领所做的实验室研究,代表著作是拉图尔、伍尔加的《实验室生活:科学事实的社会建构》(1979)(以下简称《实验室生活》),诺尔-塞蒂纳的《制造知识:建构主义与科学的与境性》(1981)(以下简称《制造知识》)等。此类实验室研究由于作者都带着社会建构论的先入之见,他们进行实验室研究的目的就是为了证明科学知识是一种社会建构的产物,于是一种基于对科学实践全过程考察(包括科学事实、科学论文的形成过程)的民族志作品就被建构了出来。

第二种类型是基于常人方法论的实验室研究,其代表作品是林奇的《实验室科学中的技艺与人工事实》(1985),林奇是常人方法论的坚定支持者,其实验室研究作品也是基于常人方法论的话语分析与工作研究纲领展开的。他将自己的研究看作"原原本本"的描述,并希望通过这种"原原本本"的描述来揭示科学是如何通过平常的专业活动和技术性的交谈等科学实践来创作它们自己的。由此看来,林奇也认为科学知识是一种社会建构的产物,但他这里的建构指的是科学家在日常工作中所做的社会学分析,而不是用 SSK 的社会建构论主张重构科学实践而得出的社会学结论。

第三种类型是人类学家直接深入科学活动的第一线所从事的标准的人类学研究,他们试图借助实验室研究的民族志作品展示研究社区科学家日常生活的原貌以及实验室的特殊文化。特拉维克的《物理与人理:对高能物理学家社区的人类学考察》(1988)(以下简称《物理与人理》)是其代表作。书中,作者通过对美国、日本等国家的多个高能物理实验室的考察,不仅例示了人类学方法的运用,也展示了各个实验室以及国际高能物理学共同体颇具特色的行业文化。

实际上,无论是哪种类型的实验室研究,它们都有一个共同点,那就是:研究者都深入科学活动的现场,都聚焦于作为实践的科学而不是作为知识的科学。但由于视角的原因,这些实验室研究作品具有不同的理论倾向,而对于《实验室生活》和《制造知识》而言,SSK 的社会建构论主张则直接奠定了书中所述观点的基调。值得一提的是,由于 20 世纪 70 年代 SSK 的兴起及其影响的逐渐扩大,与之相关的实验室研究作品也相应受到了更多的关注。

遵循科学知识社会建构论纲领的实验室研究是作为 SSK 微观研究学派之一而出现的,它的发展与 SSK 的发展密切相关。而 20 世纪 70 年代 SSK 的兴起也有一个批判传统、追求超越的过程,传统的知识社会学与科学社会学为 SSK 的出现奠定了直接的理论基础。在以迪尔凯姆、马克思、曼海姆等人为代表的知识社会学家看来,科学是知识社会学研究的一个特例,它与宗教、意识形态等有着本质区别,并且由于其内容的真实性和客观性,它将不会受到社会因素的影响。科学社会学虽然源于知识社会学,但以默顿等人为代表的科学社会学各学派并没有沿着知识社会学的思路前进,而是着眼于科学行为及其规范结构,也就是说,他们并不研究科学知识的内容与社会的关系,而是研究科学知识的社会运行。他们将科学实践中发生的问题简化为一个"黑箱",只研究黑箱的输入和输出,而不管黑箱里面发生了什么。SSK 则打破传统知识社会学和科学社会学视科学知识的内容为社会学研究禁区的传统,开始将关注的重点转向科学知识本身。

SSK 按研究视角的不同前后大致可以分为两派:第一派采用宏观

研究方法,主要从结构水平上对影响科学知识内容的社会因素展开经验研究。这一学派以英国的爱丁堡大学为中心,形成了所谓的 SSK 的爱丁堡学派,布鲁尔、巴恩斯、马尔凯等人是这一学派的杰出代表。他们通过《知识和社会意象》(1976)、《科学知识与社会学理论》(1980)以及《科学社会学理论与方法》(1991)等一系列著作奠定了 SSK 宏观学派的理论基础,而布鲁尔提出的"强纲领"则成为日后 SSK 研究的重要理论核心。利益理论是 SSK 宏观学派的主要研究纲领之一,它主要研究科学知识与社会环境、社会结构的关系,从这个意义上说,它是知识社会学的延伸,最大成果就在于将科学知识纳入了同分析其他信念系统(如宗教、哲学、政治思想等)一样的社会学考察之中。这一派对科学大多采取的是认识论的相对主义立场,认为科学知识是社会建构的产物,自然因素对科学知识的形成基本不起作用。而巴恩斯等学者借助单一的社会利益因素所构造的科学说明模式,很快便受到了来自 SSK 内部和外部的多重批判,随着批判的升级,其影响也逐步扩大,到了 20 世纪 80 年代中期,SSK 的研究已不再局限于英伦三岛,而是逐渐扩大到欧洲大陆以及其他的国家和地区。

随着 SSK 的不断发展及其内部的不断分化,SSK 的研究进路从原来的宏观模式逐渐转向微观模式,由此形成了 SSK 的第二个研究学派——微观学派。英国的巴斯学派和法国的巴黎学派可以看作微观学派的主要策源地。巴斯学派以柯林斯为主帅,《改变秩序:科学实践中的复制与归纳》(1985)、《科学勾勒姆》(1993)、《技术勾勒姆》(1998)是巴斯学派的主要代表作;而巴黎学派则以拉图尔、伍尔加、卡隆等为代表。他们均采用微观的和发生学的方法,把研究重点放在了科学知识生产的日常实践、言论和谈话上,如果说巴斯学派善于从"科学争论""话语分析"等角度来研究,那么巴黎学派则善于从实验室研究的角度来考察,即从更加接近科学家工作实际的角度来分析科学信念形成中的社会因素以及社会因素如何影响科学知识的接受等问题。

将 SSK 的宏观与微观学派稍做比较,可以看出,前者侧重于从理论角度分析,后者侧重于用经验研究来证实前者的理论;换言之,前者提出了"社会因素渗透进科学知识"的基本原理,后者则主要研究这一原理得以运行的机制。两派的共同之处在于,都摒弃了科学社会学在美国发展时期的默顿模式,强调将知识社会学的一般原理运用到科学知识的内容本身。

作为 SSK 微观研究学派的分支之一,实验室研究在巴黎学派的努力下颇有起色。以拉图尔为代表的多位学者开始走进实验室,他们运用人类学的田野调查方法,在与实验室科学家的长期相处中,获得了大量的第一手资料,并写出了多部实验室研究的民族志作品。拉图尔和伍尔加的《实验室生活》、诺尔-塞蒂纳的《制造知识》是其代表作,这两本书的作者都希望运用人类学的方法对科学知识的建构过程进行深入考察,以印证作者的社会建构论观点,如他们以非释放因子的化学结构、轴突生长的神经解剖等为关注点,考察科学事实、科学论文在实验室中的复杂建构过程。其中,他们还认为修辞学以及实验室的具体与境对科学知识的生产具有重要作用,并认为科学知识实际上是科学家群体多次磋商的产物,因此科学知识应具有整体性和地方性等特点。

综观 SSK 的实验室研究,它们大多将科学的社会建构作为自我理论的预设,而在实验室中去找寻其理论依据,将科学中自然因素的作用排除在外,用社会实在论取代了传统科学哲学的自然实在论,从而打破了自然之"镜",走向了一种新的本质主义。与之不同的是,林奇的实验室研究是基于常人方法论纲领展开的。林奇通过对实验室科学家日常工作、专业交谈的描述,还原了一个常人学意义上的实验室场景,这种场景在其作品《实验室科学中的技艺与人工事实》中充分体现了出来。而美国女性人类学家特拉维克的工作则基于标准的人类学研究方法,她将几个国家的高能物理学实验室作为其人类学田野调查的场点,通过对实验室科学家的日常活动以及与外界的联系的深入考察,客观真实地再现了国际高能物理学界的特有风貌,这些均在其《物理与人理》中有所体现。总的来说,不管是哪种类型的实验室研究,即使作者的立场不一,但由于他们都收集了大量与实验室科学实践相关的鲜活材料,这必将为后来者的研究提供基础,从这种意义上说,这些实验室研究作品为近 30 年科学元勘(science studies)的研究注入了新的活力,而这些实验室研究的作品本身将成为本书重要的研究基础。

由于 SSK 影响的逐步扩大,以 SSK 的社会建构纲领展开的实验室研究也备受关注,而其所遵循的社会建构论纲领则受到广泛的批判,相关文献汗牛充栋。其中最具特色的批判来自科学家阵营,其中《高级迷信》(1994)、《科学大战》(1998)、《超越科学大战》(2000)等充分体现了一线科学家与人文学者之间的直接较量。随着科学家对科学知识社会建构论的批判与对科学合理性的捍卫,发生在人文学者和科学家之间的争论不断升级，并演化为 20 世纪末的科学大战，而索卡尔事件则是这场大战的直接诱因。

随着对科学知识社会建构论批判的不断展开，一些原本是 SSK 的学者也开始反思社会建构论自身存在的问题，并试图对其进行改良与创新，与之相关的作品也大量涌现。就巴黎学派的健将拉图尔而言，他就先后出版了《科学在行动——怎样在社会中跟随科学家和工程师》(1987)（以下简称《科学在行动》)、《法国的巴斯德杀菌法》(1988)、《我们从未现代过：对称性人类学论集》(1993)（以下简称《我们从未现代过》)、《阿拉米斯或对技术的爱》(1996)、《潘多拉的希望：科学研究之实在性论集》(1999)、《混合世界中的混合思维》(2011)等著作。而林奇的《科学实践与日常行动》(1993)，诺尔－塞蒂纳的《认知文化：科学如何生产知识》(1999)也相继出版。作为后 SSK 的倡导者，皮克林在对前述工作进一步深化的基础上，通过《建构夸克：粒子物理学的社会学史》(1984)以及论文集《作为实践与文化的科学》(1992)与专著《实践的冲撞——时间、力量与科学》(1995)，积极倡导作为一种实践的科学观。

作为对实验室研究若干结论的反复修正与不断超越，新作品逐渐远离科学知识的社会建构论主张，并代之以行动者网络理论、实践的冲撞理论、常人方法论等等。在这些理论看来，科学知识不再是单一的社会建构，而是自然、社会等多种因素的异质性舞蹈(dance of agents)。此外，他们还试图消除传统的主体与客体、自然与社会的两极对立，并将传统研究认为的科学和社会这两个不同范畴视为同一个整体的两个方面，认为它们与其他因素相互嵌入、共同建构或演进而构成一张无缝之网。与此同时，世界哲学界关于科学的哲学研究已悄悄地从理论走向了实践，从表征走向了干预，而哈金的《表征与干预——自然科学哲学主题导论》(1983)则是这种观点的代表作。之后，哈金的《驯服偶然》(1990)、《概率的出现》(2006)以及《科学理性》(2009)相继出版。在哈金看来，传统科学哲学主题如实在论、客观性、不可通约性等问题如果能实现从原来的表征语言描述走向操作语言描述的转换，那么这些问题必将被赋予新的内涵，并为传统科学哲学的研究开拓广阔空间。

(二)国内研究现状与文献综述

从国内的情况看，由于社会建构论纲领下的实验室研究与 SSK 关系密切，而实验室研究经常被视为 SSK 的一个细小的分支来介绍，直到 20 世纪末,国内关于 SSK 的介绍仍极为稀少,故与实验室研究相关的介绍也就更少了。当时间迈入 21 世纪,情况有所改观,不仅国外的 SSK 在国内得到了大面积的传播,对实验研究作品的相关解读也开始变得多了起来。这一方面说明 SSK 的影响波及了中国,另一方面也反映了国内对"科学"这一"显赫"社会现象的研究热情。

从当前的情况看,国内关于实验室研究的一阶作品还没有出现,而对于国外实验室研究一阶作品的解读也不系统。由于实验室研究与 SSK 的特殊关系,以下综述也可以看作是 SSK 在国内的发展概况。简略而言,SSK 及其实验室研究在国内的发展大致经历了三个阶段:一是引进;二是消化和吸收;三是重建与对话。三个阶段虽互有交叉,但大致脉络基本清晰。第一阶段可称为引进阶段。从我们目前掌握的资料看,刘珺珺先生的论文《科学社会学的传统和现状》(1989)可以说是将 SSK 尤其是实验室研究引入国内的奠基之作,在此之后有一系列论文和专著发表,如方卫华的《科学知识社会学评述——对建构主义的分析》(1992)、樊春良《科学知识的制造——谢廷娜的建构主义科学知识社会学》(1992)、浦根祥的《给我一个实验室,我能举起整个世界》(1993)、曹天予的《社会建构论意味着什么》(1994)、孙思的《科学知识社会学中"硬纲领"对"软纲领"的批判》(1995)、崔绪治的《从知识社会学到科学知识社会学》(1997)、刘珺珺的《科学技术人类学:科学技术与社会研究的新领域》(1999)以及《科学社会学》(1999)、刘华杰的《关于"科学元勘"的称谓》(2000)以及《科学元勘中 SSK 学派的历史与方法论述评》(2000)等等。与此同时,在一些出版社的锐意进取以及柯文、蔡仲、盛晓明、邢冬梅等知名学者的不懈努力下,国外大量的 SSK 及其实验室研究的著作被翻译为中文,如《知识和社会意象》(2001)、《科学知识与社会学理论》(2001)、《制造知识》(2001)、《科学大战》(2002)、《物理与人理》(2003)、《科学知识——一种社会学分析》(2004)、《实验室生活》(2004)、《高级迷信》(2008)以及《科学实践与日常行动》(2010)等等。这些无疑为国人了解 SSK 及其实验室研究奠定了坚实的基础。

第二个阶段即消化、吸收阶段。这些工作主要从以下论文或专著中体现出来。如马来平的《理解科学——多维视野下的自然科学》(2001)以及《与 SSK 对话——中国科技哲学的前沿课题》(2002)、安维复的《科学哲学的最新走向:社会建构主义》(2002)、赵万里的《科学的社会建构——科学知识社会学的理论与实践》(2002)、盛晓明的《从科学的社会研究到科学的文化研究》(2003)、蔡仲的《后现代反科学思潮》

（2003）、黄瑞雄的《SSK对科学主义的叛逆》（2003）、刘晓力的《建构主义科学知识社会学的与境分析》（2004）以及《科学知识社会学的集体认识论和社会认识论》（2004）、邱慧的《科学知识社会学中的科学合理性问题》（2004）、张君的《认知文化：知识社会的实验室研究》（2004）、孙思的《理性之魂——当代科学哲学中心问题》（2005）、盛晓明的《巴黎学派与实验室研究》（2005）等等。

第三个阶段则是系统分析、理论重建以至谋求对话阶段，而这些均与国外实践哲学的兴起密切相关。这些作品主要有吴彤的《科学实践哲学视野中的科学实践——兼评劳斯等人的科学实践观》（2006）以及《复归科学实践——一种科学哲学的新反思》（2010）、李正风的《实践建构论：对一种科学观的初步探讨》（2006）、邢冬梅的《实践的科学与客观性回归》（2008）以及《科学与技术的文化主导权之争及其终结：科学、技术与技科学》（2011）、郭俊立的《科学的文化建构论》（2008）、郭明哲的《行动者网络理论》（2008）、马来平的《科学的社会性、自主性及二者的契合》（2011）、蔡仲的《STS：从人类主义到后人类主义》（2011）等等。

正是得益于以上学者的不懈努力，国内对于SSK及其实验室研究的了解日益加深。作为这个研究领域的新的一员，希望本书的研究能够起到抛砖引玉之功效，以期为其他学者的深度研究做一铺垫。

二、本书的主要内容与基本架构

本书研究的基本设想是从实验室研究的一手材料出发，通过对它们的解读与评价，全方位地介绍实验室研究的主要结论，并将这些结论与当代科学哲学、SSK以及人类学的理论与实践结合起来，而后加以学理的分析和评价，最终提出自己的科学观。由此，本书的基本架构和主要内容将围绕以上思路展开。

（一）主要内容

本书通过对实验室研究的背景、方法等的梳理以及对科学知识的社会建构论、异质建构论及实践建构论的解读，最后提出了一种新的科学观点。现以章节为序，简略介绍如下：

导论部分对实验室研究的国内外研究现状做了综述，概述了本书的主要内容与基本构架，并对本书的研究方法、研究意义与可能创新做了简略的说明。

第一章主要探讨实验室研究的理论背景。本书认为实验室研究是从逻辑主义以来的科学哲学、布鲁尔以来的 SSK 以及新兴的科技人类学等诸多学科领域吸收营养而成长形成的一门新的研究领域,虽然它与前面的诸多分支学科之间在研究视角、研究方法、研究结论上并不完全相同,但是理论展开的关联性依然存在,对这种关联性的研究将是本章的重点。

第二章主要探讨实验室研究的历史演进与方法运用。本章结合国外实验室研究的作品以时间为序依次展开,在简单概述早期研究作品的基础上,对实验室研究的代表作进行比较详细的介绍,进一步提炼出实验室研究的主要理念与方法。大致说来,这些实验室研究主要运用了自然主义与经验主义的研究方法、人类学的田野调查和民族志方法、常人方法论的话语分析与工作研究方法。本章将结合上述方法对实验室研究作品中的案例加以深度解读,试图展示这些方法运用的特点,并试图说明这些方法存在的局限性,从而为实验室研究中若干片面观点的出现提供一种可能的解释方案。

第三章主要探讨社会建构论与科学知识的实验室建构。《实验室生活》以及《制造知识》等实验室研究作品通过对科学实践中科学事实、科学论文的产生过程的分析,认为科学知识是一种社会建构的产物。其哲学立场也从传统科学哲学的自然实在论走向了 SSK 的社会实在论,对于自然科学的解释也从原来的自然本体论走向了社会本体论,形成了新的本质主义。于是,传统自然之镜的科学观被打破,一种社会建构论的科学观突现了出来。

第四章主要探讨实验室研究的拓展:异质与实践建构论。传统科学观视科学为自然之镜,科学作为对客观世界的反映而存在。当拉图尔等人对实验室的日常实践做了社会建构论的解读后,批判之声不绝于耳。在深入反思之后,拉图尔等人借助行动者网络理论,重新恢复了自然对于科学知识形成的合法地位,形成了一种自然与社会,物质与人类平权的态势,走向了科学知识的混合本体论,由此,关于科学的异质建构论显现出来。然而,自从笛卡尔提出主客二分的思想以来,无论是自然本体论还是社会本体论,其言说方式仍然建立在描述主义的基础上,他们将科学作为一种既成的知识来看待,并试图揭示科学知识形成过程背后的隐藏秩序。在皮克林、哈金等人看来,不能简单地视科学为一种静态的知识,而应该把它看作一种动态的实践,重要的不是去搞清楚科学知识背后的隐藏秩序,而是考察行动中的科学,目前要做的就是从表征性语言表述转向操作性语言描述。于是，一种作为实践的科学观突现出来，而传统科学哲学中的一些问题也在实践的框架内得到了新的解决或阐释。

结语部分主要是对本书的主要思想做一个总结。本书认为，将科学看作是一种日常的实践活动应该是我们对待科学的基本态度。SSK实验室研究涉及多位学者的长期努力，他们通过考察实验室中科学事实与科学论文的建构过程，为科学知识的社会建构论提供了理论依据，具有一定的理论价值。但需强调的是，由于他们往往以社会建构论作为其理论预设，其经验研究多会受到哲学观点的支配，很难得出令人信服的结论。因此，社会建构论一经提出便受到广泛批判，在深刻反思后，拉图尔和皮克林等对以往的结论做了改良和修正，行动者网络理论和实践的冲撞理论由此产生，然而，即便是改良之后的理论依然面临诸多问题。站在当下，从一种表征的科学观走向操作的科学观，重视科学的常人学推理逻辑，从而导引出"作为一种日常实践的科学"，这将是本书的最终目标。

（二）基本架构

与本书的主要内容相对应，其基本架构如下：

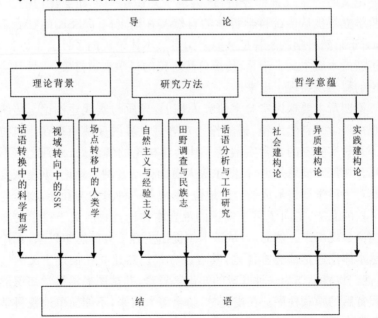

三、研究方法、意义与可能创新

(一)研究方法

本书的研究方法主要体现在以下四个方面：

第一,运用反思、批判的方法,对国内外实验室研究的主要观点及其存在的问题加以探讨,并结合 SSK 的最新进展,阐明并建构一种全新科学观所应当具备的问题意识、逻辑方法与理论视野。

第二,运用从抽象到具体、历史与逻辑相统一的方法探寻实验室研究对于 SSK、科学哲学所具有的重要价值,并期望为科学哲学所涉及的诸多问题如科学客观性、合理性、真理性、实在性等提供新的学理依据。

第三,综合运用现象学方法、解释学方法、反思平衡方法,在反思实验室研究相关结论的基础上,阐释实验室研究的理论贡献与可能局限,在 SSK 实践转向的大背景下深化对实验室研究成果的理解与评价。

第四,运用整体性方法、比较分析方法等从本体论、认识论和方法论的角度比较实验室研究代表人物拉图尔、伍尔加、诺尔－塞蒂纳、特拉维克、林奇等作品中所体现出来的相似点和不同之处,同时,对当代实践哲学的代表人物皮克林、柯林斯、哈金、劳斯等对实验室研究的不同解读加以比较说明。

(二)研究意义

截至目前,全面、系统译介并就 SSK 实验室研究的理论背景、理念与方法、哲学意蕴加以梳理和探讨的文献在国内还未出现,因此,本书对于推动实验室思想的深入研究将会有所助益,具体而言,研究的理论意义和实践意义体现在以下几个方面。

1.理论意义

第一,SSK 的实验室研究不再简单地将科学看作自然之镜,而是深入科学研究的现场——实验室,通过对科学知识在实验室形成过程的深度考察来言说科学,由此提出的诸如科学知识的社会建构论、科学知识的异质建构论、科学知识的实践建构论等观点,这些观点的提出无疑对于我们厘清自然、社会及其他因素对于科学形成的作用,认识既成的科学与实践中的科学的不同之处,澄清科学的客观性、合理性、实在性等传统科学哲学命题大有裨益。

第二,实验室研究作为 SSK 的一个分支,兴起于 20 世纪 70 年代,它的出现与传统知识社会学、科学社会学、科学哲学的研究有着千丝万缕的联系,故本书的研究将为我们连接这些研究领域,梳理 SSK 发展的理论背景、现实困境以及当代的最新进展,展望 SSK 未来的发展方向有所助益。

第三,由于实验室研究首次将人类学、民族志、常人方法论等方法应用于对科学知识的考察,对这些方法在实验室研究中的范例加以探讨,必将有助于我们对这些方法的深入了解。

第四,SSK 是当代科学技术哲学研究的一个非常活跃的领域,本书的研究将涉及拉图尔、诺尔－塞蒂纳、林奇、皮克林、哈金、劳斯等众多当代一流学者学术思想的评介,这必将有助于国内学界在相关领域的深度研究。

2.实践意义

第一,SSK 实验室研究独特的视角、全新的方法、新颖的结论受到了来自世界科学界、哲学界、社会学界的极大关注,本书的研究将全面系统地展示实验室研究的全貌,分析其利弊得失,有益于加深社会大众对科学的认识与理解。

第二,本书将通过实验室研究的第一手材料走近科学知识生产一线的实验室,全面展示人文学者对自然科学知识形成过程的考察以及人文学者与科学家之间的交流与对话,这将有助于弥合人文文化与科学文化之间存在的诸多分歧,为斯诺命题的解决提供现实的可能性。

第三,本书将全面展示实验室研究的具体场景,科学家的日常行动,科学事实与科学论文建构过程中的诸多细节,从而将科学知识形成的全过程展现在读者的面前,这将为我国各级科研管理部门制定相关科研政策、提出科技创新战略提供理论支持与决策参考。

(三)可能创新

本书的研究,其创新之处主要体现在如下四个方面:

第一,实验室研究作为一个独特的研究领域,它的出现必有其特定的背景,但就这一点而言,还未见到相关的论著发表,故本书就实验室研究的理论背景所做的尝试性探讨可谓是第一个创新。

第二,关于实验室研究的方法散见于各类学术论著中,但非常集中的理论探讨并结合实验室研究作品的深度解读在学界还不多见,而本书在这方面的尝试可以说是一种创新。

第三，国内外对实验室研究作品的解读不仅丰富而且在不断地变动，客观合理地分析这些观点，并结合科学论的演变做出比较中肯的评价，这是本书第三个创新。

第四，结合实验室研究作品以及国内外学者对其所做的不同阐述，在认真分析和适当取舍之后，通过对科学的日常性、常人性和实践性的强调，推演出本书的结论——"作为一种日常实践的科学"，这是本书的第四个创新。

实验室研究虽然有三种不同的类型,但这些类型之间并不存在绝对的区分,因为从"地球村"的角度去看,它们共处一个相似的文化背景之下。换言之,实验室研究的理论背景极其广泛,它可能关涉到社会经济、文化、日常生活的方方面面,不一而足。如果我们采取一种回溯式的思维方式,通过对实验室研究已有作品的话语体系与叙事方式的解读,可以推知以下几个方面的因素大致是其出现的主要原因。①

一、从辩护到批判：话语转换中的科学哲学

实验室研究(尤其是 SSK 纲领下的实验室研究)反映出来的主要思想之一就是对科学合理性的质疑,或是对传统科学观的批判。实验室研究作品之所以显示出这种趋向,与科学哲学对待科学的态度转换密不可分。简单说来,在实验室研究出现之前,科学哲学对待科学的态度转换历经了三个阶段:正统科学哲学对科学的辩护;修正主义科学哲

---

① 邱德胜.论实验室研究的理论渊源[J].科学学研究,2013(3)：330—334.本章在该文基础上做了修改和补充。

学对科学的质疑；另类科学哲学对科学的批判。① 正是这种发生在科学哲学内部的转换与纷扰，为社会学闯入科学知识的大门提供了契机。SSK 先锋学者马尔凯也注意到：默顿对科学规范的表述以及由此所展示出来的科学运行图景，是与标准科学观认为科学知识不接受社会学的分析相一致的。一旦标准科学观受到动摇，一旦我们动摇了科学知识可被清楚客观地加以评价这一传统信念，突破了科学知识不容社会学分析染指的"禁区"，我们对科学活动的分析就会展现出更多的可能性和丰富性。正如他所言："阻止社会学家探索这些可能性的主要障碍，似乎正如所预期的出在知识论上。……因此，很自然地，社会学家要一直等到哲学家和历史学家通过一系列质疑传统科学观的论辩为他们打好基础，才敢提出诸如此类的问题。"②科学哲学对待科学的态度为什么会在短短的一百多年的时间里有如此重大的转换呢？这种转换又是如何实现的呢？围绕着以上问题，继续我们的解密之旅。

（一）正统科学哲学对科学的辩护

自欧洲的文艺复兴之后，自然科学逐渐从哲学中分化出来，随着牛顿的《自然哲学的数学原理》（1687）的出版，自然科学逐渐作为一个独立的研究领域登上了历史的舞台。在以牛顿力学为核心的经典力学的推动下，英国发生了工业革命，科学技术的力量开始显现出来。当历史的脚步迈入 19 世纪时，科学技术的各个领域有了突飞猛进的发展，新

---

① 本书中关于正统科学哲学、修正主义科学哲学以及另类科学哲学的区分受到刘大椿先生的观点的启发。从时间跨度上说，正统科学哲学是指从 19 世纪下半叶发端于孔德的实证主义到 20 世纪 50 年代波普尔之前的科学哲学时期；修正主义科学哲学是指从 20 世纪 50 年代波普尔的证伪主义到 20 世纪 70 年代费耶阿本德之前的科学哲学时期，而另类科学哲学则主要发生在 20 世纪 70 年代之后。对于"另类科学哲学"，刘大椿先生将其解释为"与传统科学哲学相对的科学哲学"。在刘先生看来，另类科学哲学大体包括如下几种类型：①20 世纪 70 年代以来逐渐渗透到科学哲学领域的欧陆反科学主义理论，主要包括以海德格尔为代表的存在主义、以马尔库塞和哈贝马斯等人为代表的法兰克福学派、以福柯和利奥塔等人为代表的后现代主义等流派的科学哲学思想；②从分析哲学传统内部彻底走向正统科学哲学反面的叛逆，主要以费耶阿本德、罗蒂等人为代表；③借鉴另类思想反叛科学社会学（STS）传统的科学知识社会学（SSK）研究，包括但不限于借以为新兴政治运动辩护的激进女性主义、后殖民主义和生态主义科学哲学。参见刘大椿等：《思想的攻防——另类科学哲学的兴起与演化》《科学技术哲学反思中的思想攻防》《科学的哲学反思——从辩护到审度的转换》等。

② Michael Mulkay. Science and the Sociology of Knowledge[M]. London: George Allen and Unwin, 1979: 26.

的理论、方法和技术犹如雨后春笋般迅速涌现。科学不仅带给人类一个更广阔的视野,也极大地改变了人们的观念,改善了人们的日常生活。科学的诸多成就令人惊喜,科学的巨大威力令人振奋,把自然科学视为最完美知识的观点成为社会价值观的主流。由此,一种对待科学的仰慕态度开始飘散到哲学界,19世纪30—40年代产生于法国的实证主义就是这种情绪的代表。此后,一种对科学予以辩护的正统科学哲学在一批人的推动下逐渐成熟并产生深远影响。

现在回过头来看,正统科学哲学的形成与发展主要经历了三个时期,而实证主义是它们共同的特点。第一代实证主义起源于19世纪30—40年代的法国,之后逐渐流行于英国,早期的代表人物有孔德、穆勒和斯宾塞等。在孔德看来,人类的知识在演化中进步,人类的思想从古至今大致经历三个阶段:"神学阶段,又名虚构阶段;形而上学阶段,又名抽象阶段;科学阶段,又名实证阶段"①,而实证科学是科学演进的顶峰。正是基于这种思想,几代实证主义者都有一个基本的追求,那就是将哲学作为一门自然科学来建设,建成一门科学的哲学(scientific philosophy)。由此,他们提倡改造哲学,认为以前的哲学是"形而上学"的,而不是科学的。而科学的哲学应该建立在一种确实、可靠、精确、有用的基础之上,只有这样,才能使原来处在形而上学阶段的哲学转变为一种科学意义上的实证哲学。基于此,他们甚至发起了一场清除形而上学的运动。孔德还提出了著名的实证主义原则,即一切科学知识必须建立在来自观察与实验的经验事实的基础之上,而经验事实是知识唯一的来源与基础。

第二代实证主义产生于19世纪70年代,流行于19世纪末至20世纪初。马赫、惠威尔和彭加勒是其主要代表。马赫坚持实证主义原则,并提出"思维经济原则",主张思想和知识源自实际生活的需要,科学理论是思维经济的产物。惠威尔和彭加勒是约定主义的代表人物,在他们看来,科学理论是科学家的一种约定,而不是一种对客观世界的真实描述。这一思想实际上成了SSK的社会建构论观点的一个主要理论来源。

第三代实证主义又被称为逻辑实证主义,它兴起于20世纪20年代,随后的20年是其迅速扩张时期,20世纪50年代则走向了衰落。逻

---

① 洪谦.现代西方哲学论著选辑[M].北京:商务印书馆,1993:20.

辑实证主义主要包括由石里克创立的、以卡尔纳普为代表的维也纳学派，以赖兴巴赫为代表的柏林学派和英国的艾耶尔等人。逻辑实证主义不仅承继了前期实证主义的主要观点，还吸收了弗雷格、罗素和维特根斯坦的逻辑主义思想。在逻辑实证主义看来，要使科学成为一门科学的哲学或"标准科学哲学"，应该以科学为模式、以逻辑为手段、以物理学为统一语言，彻底对哲学进行改造。标准科学哲学或曰正统科学哲学的两大显著特征是："以科学为问题（问题域）、科学地回答问题（应答域），以及最显著的精神气质，即对自然科学尤其是物理学的极力推崇。"①

通过逻辑主义三代学人的不懈努力，一种正统的科学哲学观已逐渐深入人心。在正统科学哲学看来，科学的标准十分清楚，凡是实证的知识，通过经验的或观察实验证明的知识就是科学的，不能实证的所谓的知识都是形而上学的、非科学的，故应该拒斥哲学中的形而上学和科学中的形而上学成分；一个命题如能够经受经验的检验，说明它与客观世界相一致，则该命题可视为真理。而科学知识的增长就在于真理的不断累积。同时，他们还善于对科学做静态的逻辑分析，并提出观察命题与理论命题、综合命题与分析命题的二分。此外，他们还认为科学理论的发现和证明是两个不同的过程，应加以区别对待。

经过近百年的发展，一种被后世称为正统科学哲学（标准科学哲学）的科学观便被刻画了出来："科学＝实证自然科学＝客观性＝真理性＝理性＝进步性。"②这种科学观产生了很大的影响，甚至成为相当一段时间内科学哲学界普遍认同的主流观点。

（二）修正主义科学哲学对科学的质疑

科学技术是一把双刃剑，它在改善人类的生活的同时，也导致许多不幸事件的发生。尤其在二战之后，科技的这种负面效应体现得更为明显。站在新的历史起点上，对科学的迷信已不再有任何的说服力，对科学主义的崇尚也不再有现实的根据。在此情形下，科学哲学也开始发生变化，一部分哲学家开始对正统的科学哲学观提出质疑，他们将质

① 刘大椿，刘永谋.思想的攻防——另类科学哲学的兴起和演化[M].北京：中国人民大学出版社，2010：10.

② 安德鲁·皮克林.作为实践和文化的科学[M].柯文，伊梅，译. 北京：中国人民大学出版社，2006：译者序，2.

疑的矛头指向了逻辑实证主义,试图改变其中的一些观点。虽然在他们的反思过后,很多问题的提法不同于逻辑实证主义,但问题域并没有发生太大的变化。例如他们依然关注科学与非科学的分界、科学发展的模式、科学与真理的关系等问题,从这个意义上说,我们可以将这些哲学家称为修正主义者,而他们的科学哲学也就相应地被称为修正主义科学哲学。修正主义科学哲学主要活跃于 20 世纪 50 年代到 70 年代,而蒯因、波普尔、库恩、拉卡托斯等人则是修正主义科学哲学的杰出代表。

20 世纪 50 年代可以看作科学哲学从正统走向修正的时间节点,在此之后,逻辑主义开始走向衰落。其标志性的文献是 1951 年蒯因发表的论文《经验论的两个教条》,这篇文章之后被收编到蒯因的《从逻辑的观点看》一书中。作者在文章的开篇就指出:"现代经验论大部分是受两个教条制约的。其一是相信在分析的、或以意义为根据而不依赖于事实的真理与综合的、或以事实为根据的真理之间有根本的区别。另一个教条是还原论:相信每一个有意义的陈述都等值于某种以指称直接经验的名词为基础的逻辑构造。我将要论证:这两个教条是没有根据的。"①(文中着重号为原文所加)在蒯因看来,分析命题与综合命题的区分是相对的,科学理论是无法还原为单个经验事实的集合而加以逐一检验的。在此之后,逻辑实用主义、证伪主义、历史主义、新历史主义开始登上科学哲学的舞台,他们试图对正统科学哲学的观点进行改良,科学哲学也进入了一个学派纷争的多元化时期。

20 世纪 50 年代以后,以波普尔为代表的证伪主义科学哲学开始对逻辑实证主义的科学观提出质疑。波普尔对逻辑实证主义的修正主要体现在三个方面:第一是关于科学与非科学的划界标准;第二是真理观;第三是科学知识的发展模式。具体来说,波普尔通过对爱因斯坦的相对论代替牛顿力学这一过程的深入考察,认为通过证实的方式并不能有效地区分科学与非科学。举例来说,自牛顿在 1687 年出版《自然哲学的数学原理》以后,牛顿三大定律以及万有引力定律虽然得到了无数次的证实,但是在光线经过太阳的引力场是否会发生弯曲这一判决性的实验面前还是走向了失败。基于此,波普尔提出了:第一,证伪才

---

① 威拉德·蒯因.从逻辑的观点看[M].江天骥,等译.上海:上海译文出版社,1987:19.

是区分科学与非科学的有效方法;第二,科学并不是真理,而是一种猜测和假说,科学的目标是不断地逼近真理。第三,与逻辑实证主义相对,波普尔认为科学的发展并不是简单的真理累积,而是一个不断猜测与反驳的过程,波普尔将这种过程描述为四段图示:P1→TT→EE→P2……并认为科学就是在不断提出问题,提出尝试性结论,消除其中的错误,然后走向下一个问题,科学在这种动态循环中实现进步。如果将波普尔之前的科学哲学称为逻辑主义,那么波普尔之后的科学哲学可称为历史主义。波普尔之后,以库恩、拉卡托斯等人为代表的历史主义开始兴起。与逻辑主义不同的是,他们更强调科学哲学与科学史的结合。就如同拉卡托斯引用康德的话所说的那样:"没有科学史的科学哲学是空洞的,没有科学哲学的科学史是盲目的。"①他们一改逻辑主义对科学进行静态分析的传统,对科学进行动态的研究。他们通过对科学史的深入考察,认为社会因素是导致科学更替的重要因素之一。

就库恩而言,他对正统科学哲学的修正主要体现在四个方面:第一,他对科学发展模式做了新的概括,认为科学的发展并非逻辑实证主义所认为的渐进积累,而是一种充满革命的范式更替过程:前范式时期——常规科学时期——危机——革命——新的常规科学时期。要理解这种模式的内涵,需首先理解"范式"的概念。"范式"是库恩科学哲学的核心概念,在他 1962 年出版的《科学革命的结构》中,"范式"一词就出现了 20 多次。虽然他将"范式"解释为"普遍接受的科学成就""科学家的专业母体"等,但学界认为他对范式的理解还是比较模糊,以至于库恩不得不在其《对范式的再思考》一文中对"范式"的含义做进一步的澄清。在他看来,范式不管有多少种用法,但大致可以分为两组,各有名称,可分别讨论。他同时指出:"范式的一种意义是综合的,包括一个科学群体所共有的全部承诺;另一种意义则是把其中特别重要的承诺抽出来,成为前者的一个子集。"②同时,库恩还做了进一步的解释:"范式一词无论实际上还是逻辑上,都很接近'科学共同体'这个词。一种范式是也仅仅是一个科学共同体成员所共有的东西。反过来说,也

---

① 伊·拉卡托斯. 科学研究纲领方法论[M]. 兰征,译. 上海:上海译文出版社,1986:141.

② 托马斯·库恩. 必要的张力——科学的传统和变革论文集[M]. 范岱年,纪树立,等译. 北京:北京大学出版社,2004:288.

正是由于他们掌握了共有的范式才组成了科学共同体,尽管这些成员在其他的方面也是各不相同的。"①由此看来,范式在库恩这里的主要含义是指:"一个科学专业的科学家所依赖的学科理论的基本模型和由这个基本模型所推演和延伸出来的种种科学规定(或约定)的集合。"②

第二,库恩认为,前后相继的理论之间具有不可通约性,新理论取代旧理论来自于科学共同体成员的心理选择,因此,一个新范式取代一个旧范式时,就谈不上有什么可比较的标准的增减,因而也就无法说明科学的进步。换言之,科学的发展或理论的更替与科学家所处的社会环境密切相关,自此,社会因素也就作为一个重要的影响因子自然地进入关于科学知识的解释中来。

第三,库恩坚持实用主义的真理论,认为真理是科学共同体共同使用的解决难题的工具,只有好坏之分,没有真假之别,因而他否定客观真理的存在,并对科学的发展就是不断逼近客观世界的见解表示反对。

第四,在关于科学与非科学划界的问题上,逻辑实证主义采用的是可证实性标准,波普尔采用的是可证伪性标准,到了库恩这里,他反对这种检验,甚至反对去为科学寻求划界标准。由此看来,正是由于库恩放弃了科学的检验,放弃了科学理论和范式必须受到科学实验和观察制约的根本逻辑要求,他的科学哲学完全滑向了相对主义。从另一方面说来,这也恰好为 20 世纪 70 年代之后另类科学哲学的兴起提供了思想资源。

对正统科学哲学加以改良的第三位科学哲学家是拉卡托斯,具体的改良方案蕴含在他的《科学研究纲领方法论》中。在拉卡托斯的理论推动下,科学哲学从原来的历史主义走向了新历史主义。那么,何为研究纲领呢？在拉卡托斯看来,研究纲领是科学的基本单元,科学的理论总是有一个理论系列组成的研究纲领,而每个研究纲领又有一个基本的内在结构,它由三个基本部分组成,从核心到边缘依次是"硬核""保护带""启发法"。"硬核"是一个基本假设,通常由一个命题来表述,这个命题可以是一个经验命题,也可以是一个形而上学命题。在充当纲领的硬核时,它是一个由科学家共同约定而成的非真、非假、不能证明

① 托马斯·库恩. 必要的张力——科学的传统和变革论文集[M]. 范岱年,纪树立,等译. 北京:北京大学出版社,2004:288.

② 李建华. 科学哲学[M]. 北京:中共中央党校出版社,2004:220.

也不能反驳的工具性模型,也就是一个形而上学的模型。如果研究纲领还在发展的过程之中,硬核是比较稳定的,当硬核被抛弃了,研究纲领也就不复存在了。保护带也被称为辅助性假设,它们是硬核外面的一些经验性的理论,在经验检验的影响下,它可以发生灵活的变化,并因为检验而不断地修改、补充进而不断地增加,从而保护硬核。启发法是纲领中的一些约定性的逻辑规则。硬核与保护带之间是有联系的,它们是由某种约定性逻辑规则所构成的启发法联系起来的有序系列。启发法又分为正面启发法和反面启发法,正面启发法是启示硬核理论所暗含的与经验事实相统一的方面,正面启发法的活动表明了硬核和研究纲领解决问题的能力;反面启发法则是纲领自我保护的方面,当有经验事实反驳硬核理论时,反面启发法会启用一些特设性的假说来转移这些反常,从而对硬核形成保护。

借助于"科学研究纲领方法论",拉卡托斯解决了一系列的哲学问题,而这种解决问题的方式与正统科学哲学以及波普尔和库恩的理论有所不同。首先,拉卡托斯对科学发展动态模式做了说明:科学研究纲领的进化阶段→科学研究纲领的退化阶段→新的进化的研究纲领证伪并取代退化的研究纲领→新的研究纲领的进化阶段……而如何衡量纲领是处在进化还是退化的阶段,主要是看它们预言和解释问题的能力,如果一个研究纲领总是主动出击去预言一些新的现象或解释一些新的问题,则说明这种研究纲领处在进化阶段;反之,如果它经常面临反常并总是被动地去应对,则说明该研究纲领处在退化的阶段。由此看来,拉卡托斯关于理论的更替模式与经验检验相关,而不是来自于科学家的心理选择。其次,拉卡托斯对科学与非科学的划界也做了说明。在他看来,如果一个研究纲领正处在进化的阶段,或它曾经有过进化的阶段,或未来它可能出现进化的阶段,那么它是一个科学的研究纲领,否则就是一个非科学的研究纲领。第三,就真理问题而言,拉卡托斯坚持真理有经验基础,即具有较多经验内容的研究纲领更真。

总体看来,拉卡托斯的工作是对前人观点的一次大综合。在他看来,逻辑经验主义(逻辑实证主义的后期形态)仅仅从经验语言的角度来理解科学理论,把理论还原为一个个经验真的原子命题,忽视了理论的复杂性和在历史运动中的变化性,因而过于片面;证伪主义的科学哲学虽然兼顾了科学的逻辑性和历史性两个方面,但它却把知识建立在易谬性和相对性的基础上,因而不够稳固;库恩的历史主义科学哲学虽然重视科学的历史发展与社会实践过程,但忽视了科学理论的逻辑性以及科学与非科学的划界标准,最终滑向了相对主义。正是基于这些考虑,拉卡托斯的科学研究纲领方法论结合了实证论、否证论和范式论的优点,丢弃了它们的缺点,既考虑了科学理论的历史性,也考虑了科学理论的逻辑性,实现了逻辑性与历史性的统一。但是由于他对研究纲领的进化阶段和退化阶段的判定依据比较模糊,因而对于科学理论的更替与进步的判定也就缺乏可操作性。后来的费耶阿本德看出了拉卡托斯理论中的问题,称他的理论是形式上的理性主义和事实上的相对主义。

修正主义科学哲学风生水起,它们对于正统科学哲学进行质疑的诸多思想大规模地蔓延开来,其中传递出来的相对主义、非理性主义以及实用论的真理观等思想迅速被世界科学哲学界吸收和借鉴。20世纪70年代以后,发生在世界范围内的反科学思潮犹如洪水猛兽一样不仅吞噬了正统科学哲学的根基,甚至完全走向了它的反面,而所谓的另类科学哲学则由于其观点的新异而吸引了不少关注的目光。

(三)另类科学哲学对科学的批判

何谓"另类科学哲学"? 在这一概念的提出者刘大椿先生看来:"另类科学哲学的思潮并不是一个整体,而是许多异质性的科学反思。它们更多地关注科学与其他社会实践活动之间的关系,共同点在于批判科学、甚至反科学的态度,传达了对科技价值的质疑,在科学观中有一定的影响。"①如果我们采取回溯性的思维来看待前面的正统以及修正主义的科学哲学,可以发现它们均属于英美分析哲学传统,而实际上,除了英美分析哲学之外,还有欧洲大陆哲学,对传统科学哲学的回顾之所以没有涉及欧陆哲学,主要是因为在这段时期英美分析哲学比较强势,而以人文主义为研究传统的欧陆哲学还稍显脆弱。换句话说,在另类哲学出现以前,欧陆反科学主义思想是与英美科学哲学平行发展的,直到20世纪70年代,随着英美分析哲学对科学批判的开始,欧陆的反科学主义思潮才被吸纳进来,从这个意义上说,另类科学哲学是英美分析哲学传统与欧陆人文主义哲学传统在对科学的批判中合流的产物。

---

① 刘大椿,张林先. 科学的哲学反思——从辩护到审度的转换[J]. 教学与研究,2010(2):5—12.

同样被称为另类科学哲学,但各个学派之间尤其是在英美分析哲学传统和欧洲大陆人文主义哲学传统之间还是存在着很大差异。简单说来,另类科学哲学对科学的批判大致有三种进路:第一种进路是从分析哲学内部出发,通过对传统科学哲学的批判走向对科学的批判,费耶阿本德、罗蒂是其主要代表;第二种进路是20世纪70年代以来逐渐渗透到科学哲学领域的欧陆反科学主义理论,它们与传统科学哲学探讨的主题往往并不一致,而更多的是从人文关怀的角度发起对科学的直接批判,海德格尔、马尔库塞、哈贝马斯、福柯、利奥塔等人是其主要代表;第三种进路则是指借鉴另类思想进而反叛科学社会学传统的SSK研究,包括(但不限于)为新兴政治运动辩护的激进女性主义、后殖民主义和生态主义科学哲学。由于第三种进路是后面分析的重点,故此处主要分析前两种进路。

第一种进路主要是从英美分析哲学传统内部出发最终走向对科学的批判。主要包括费耶阿本德和罗蒂的科学哲学。费耶阿本德依然关注正统科学哲学和修正主义科学哲学共同关心的问题,例如科学与非科学的划界、科学的发展模式、科学与真理的关系等传统认识论问题,但就这些问题却给出了完全不同于前人的答案。在费耶阿本德看来:首先,科学的知识与非科学的广泛文化不能分离,科学与非科学之间并不存在简单的、一成不变的界限;其次,科学是一种非理性主义的事业,非理性可以保护初创中的理论并推动科学的发展,新理论战胜旧理论并非如传统哲学所言通过证实或证伪,而有时可以借助非理性的力量来完成,因此,科学的发展并没有什么固定的模式;第三,科学中的理论是多元主义的,不仅理论可以与事实不一致,甚至理论与理论之间也可以不一致;此外,他还通过"反对方法"提出了方法论的无政府主义,只要有利于问题的解决,采用什么方法都行,换言之,如果一定要提出一个关于科学研究的方法论原则的话,那就是"怎么都行"(anything goes)。由此,他反对科学的沙文主义。概言之,费耶阿本德从正统科学哲学的主题出发,最后得出了与正统科学哲学完全相反的结论,实现了对科学的批判,最终投入了另类科学哲学的怀抱。

罗蒂也是从分析哲学阵营走出来的科学哲学家。他1931年出生于美国,早年曾师从于卡尔纳普、亨普尔等逻辑实证主义者,从1961年开始在普林斯顿大学哲学系从事分析哲学研究,时间长达20年之久。20世纪80年代开始,他的研究逐渐从分析哲学转向文学批评和欧陆哲学,由于他对分析哲学的批判受到美国哲学界的排斥,从 1982 年开始其职业生涯正式转向了文学领域。罗蒂对传统科学哲学的批判是从粉碎"自然之镜"开始的。在罗蒂看来,传统哲学将科学看作自然世界的表象,而这种表象是通过"自然之镜"即"心"或"心的观念"来达至的,这种"镜喻哲学"是笛卡尔以来的现代认识论的典型特征。

那么何为"自然之镜"呢? 在罗蒂看来:"一个无遮蔽的自然之镜的概念就是这样一面镜子的概念,它与被映照物将不可分离,因此也就不再是一面镜子了。他认为人的心,相当于这样一面无遮蔽的镜子,而且他对此了然于胸,这样一种观念,诚如萨特所说,就是神的形象。这样一种存在者并不面对一种异己物,后者使他必须选择一种对它的态度或对它的描述。他总是没有选择行为或描述的需要和能力。如果我们考虑到这一情景的有利一面,他就可被称作'上帝',而如果我们考虑其不利的一面,他就被称作一架'机器'。"①由此看来,罗蒂所谓的"自然之镜"的哲学实际上是将知识看作一种对自然世界的表象,而获得客观知识的关键就是"审视、修理和磨光"这面镜子,从而提高表象之确定性。换言之,要获得准确的表象,就要研究心之认识结构,研究人的"镜式本质",即人的本性,而这种关于心的形而上研究实际上就是对知识基础的研究,因而,本质上是一种认识论的研究。同时,从镜式哲学出发,很容易衍生出一种"符合论"的真理观,也即:仅当一个信念与客体相符合时,它才是真的;否则,它就是假的。罗蒂的《哲学和自然之镜》的主要目的就在于打破这种以认识论为中心的"自然之镜"的哲学,从而走向一种真正的后哲学文化时代。

何为"后哲学文化"? 罗蒂做了这样的描述:

在这里,没有人,或者至少没有知识分子会相信,在我们内心深处有一个标准可以告诉我们是否与实在相接触,我们什么时候与(大写的)真理相接触。在这个文化中,无论牧师,还是物理学家,还是诗人,还是政党都不会被认为比别人更"理性"、更"科学"、更"深刻"。没有哪个文化的特定部分可以挑出来,作为样板来说明(或特别不能作为样板来说明)文化的其他部分所期望的条件。认为在(例如)好的牧师或好的物理学家遵循的现行的学科内的标准以外,还有他们也同样遵循的其他的、跨学科、超文化和非历史的标准,那是完全没有意义的。在这

---

① 理查德·罗蒂. 哲学和自然之镜[M]. 李幼蒸,译. 北京:商务印书馆,2003:352.

样一个文化中，仍然有英雄崇拜，但这不是对因为与不朽者接近而与其他人相区别的、作为神祇之子的英雄的崇拜。这只是对那些非常善于做各种事情的、特别出众的男女的羡慕。这样的人不是那些知道一个（大写的）奥秘的人，已经达到了（大写的）真理的人，而不过是善于成为人的人。①

罗蒂的大段描述传递出来的基本信息是：第一，罗蒂反对任何形式的真理符合论。在他看来，并不存在知识、表象与外在世界的对照关系，传统哲学中所谓的表象与外在世界相符合的真理也就不复存在。第二，知识与意见具有同等的地位，就如同牧师、物理学家、诗人或者政党，他们的知识也并不一定比别人更科学，不同的意见应该获得同等的尊重，由此，他反对实证主义和科学主义，反对用自然科学的观点和标准来审视和规范别的文化。第三，"真理"并没有实际的用途，最多是一个赞词。各种知识或意见，即使你认为其中的某一个是真理，它也不会拥有更多崇拜者，而只有那些会做事（善于解决问题）的人（或理论）才会赢得更多的尊重。由此，这也反映出罗蒂的实用主义哲学倾向。一言以蔽之，罗蒂通过他的《哲学和自然之镜》以及《后哲学文化》，从分析哲学的内部出发走向了正统科学哲学的反面，成了另类科学哲学的一分子。

另类科学哲学的第二种进路主要是从人文关怀的角度批判科学，其基本面向的是20世纪70年代以来的发源于欧陆的反科学主义理论，按刘大椿先生的观点，大致包括以海德格尔为代表的存在主义、以马尔库塞和哈贝马斯等人为代表的法兰克福学派、以福柯和利奥塔等人为代表的后现代主义等等。现结合部分代表人物的观点简略分析如下。

胡塞尔在其《欧洲科学的危机与超越论的现象学》中明确指出："欧洲各国生了病，欧洲本身处于危机中。"②在胡塞尔看来，欧洲的危机来自于实证主义科学观的流行，来自于实证主义科学哲学对自然科学之基础的遗忘，来自于实证主义科学观对科学、理性的异化，导致了自然

① 理查德·罗蒂.后哲学文化[M].黄勇，编译.上海：上海译文出版社，1992：14—15.

② 胡塞尔.欧洲科学的危机与超越论的现象学[M].王炳文，译.北京：商务印书馆，2001：368.

科学中人性的缺失,引发了欧洲人性的危机。作为胡塞尔的学生,海德格尔的哲学与胡塞尔一样极具人文关怀的忧思,他对科技的批判最有力的方式是他对技术之本质的追问。在海德格尔看来,当代技术的本质就是"座架"。何为"座架"?海德格尔说:"现在,我们以'座架'(Ge-stell)一词来命名那种促逼着的要求,这种要求把人给聚集起来,使之去订造作为持存物的自行解蔽的东西。"①看来,要完整地理解"座架"这个概念,必须从他的几个新的概念说起,如"订造""持存物""解蔽"等等。

海德格尔哲学的一个最大特点就是喜欢生造新词。在海德格尔看来,"技术是一种解蔽方式"②,而"解蔽"一词相当于传统认识论中的表象、认识之意。在他看来,传统哲学的主客二元对立是错误的,故此,对于真理的追寻不再是主体表象、认识客体的过程,而是存在经由此在敞开而进入无蔽状态。现代技术的这种解蔽方式通过"促逼""订造"和"摆置"得以体现出来。海德格尔指出:"在现代技术中起支配作用的解蔽乃是一种促逼(Herausfordern),这种促逼向自然提出蛮横要求,要求自然提供本身能够被开采和贮藏的能量。"③由此看来,技术对自然的解蔽方式是一种粗暴、蛮横的方式,它逼迫自然按照技术的方式显现自身,自然由此表现为一种被技术订造的状态,而不再是自然原初的真实状态。而技术解蔽的方向并非单一,其中最好的方式是把自然看作能源,自然在技术的订造中以能被开采和贮藏的能量的方式显现自身。在这种技术的订造中,自然均被解蔽和订造为一种技术所需要的方式,河流不再是原初意义上的河流,而是水力发电的一个环节。正如他所言:"就连田地的耕作也已经沦于一种完全不同的摆置(Stellen)着自然的订造(Bestellen)的漩涡中了。"④由此看来,在技术解蔽的作用下,自然丧失了原初的状态,成为在技术的促逼之下被摆置的东西,而这种摆置的方式则完全由技术来决定,不再顾及自然本身。可见,座架作为一种技术解蔽的方式实际上是对自然的一种促逼,使之被订造、被摆置。在海德格尔看来:"座架(Ge-stell)意味着对那种摆置的聚集,这种摆置

①　海德格尔.海德格尔选集[M].孙周兴,选编.上海:上海三联书店,1996:937.

②　海德格尔.海德格尔选集[M].孙周兴,选编.上海:上海三联书店,1996:932.

③　海德格尔.海德格尔选集[M].孙周兴,选编.上海:上海三联书店,1996:932-933.

④　海德格尔.海德格尔选集[M].孙周兴,选编.上海:上海三联书店,1996:933.

摆置着人,也即促逼着人,使人以订造方式把现实当作持存物来解蔽。座架意味着那种解蔽方式,此种解蔽方式在现代技术之本质中起着支配作用,而其本身不是什么技术因素。"①

在海德格尔看来,作为技术本质的座架将给人类带来三重危险:第一,技术的解蔽把人摆置为表象者、订造者,导致人错过了其本质,作为主体的人将变成技术的奴隶;第二,技术的解蔽将使自然被当作一种持存物来订造,从而使自然祛魅,失去其自身的本真与神秘;第三,上帝也失去其神圣性,而被降格为存在者或造物者。总而言之,海德格尔对技术本质的追问就是对科技异化的追问,这种追问让我们意识到技术的残酷本质,海德格尔希望通过这种方式唤起人类对科技的警醒,也希望通过这种方式厘清人在现代社会中的生存处境,从而求得某种程度的解放。

马尔库塞是法兰克福学派最为知名的激进哲人,他的思想虽然深刻,但相对于海德格尔而言,要容易理解得多。《单向度的人》是马尔库塞最负盛名的一部力作,他通过对发达资本主义这一工业社会的考量,得出了一个基本的结论:"当代工业社会是一个新型的集权主义社会,因为它成功地压制了这个社会中的反对派和反对意见,压制了人们内心的否定性、批判性和超越性的向度,从而使这个社会变成了单向度的社会,使生活于其中的人变成了单向度的人。"②作为《单向度的人》的中文译者,刘继认为:"'向度'(dimension)一词又可译作'方面'和'维度',这里把它译为向度,主要是想传达原文中的价值取向和评判尺度的意思。"③为什么马尔库塞认为发达工业社会中的人变成了"单向度"的人呢?马尔库塞主要从单向度的社会与单向度的思想两个方面做了阐述。

在马尔库塞看来,当代工业社会是一个单向度的社会,换言之,是一个极权主义的社会。这种单向性或极权性会通过政治、生活以及文化三个方面体现出来。就政治领域而言,当代工业社会消除了危害社

---

① 海德格尔.海德格尔选集[M].孙周兴,选编.上海:上海三联书店,1996:938—939.

② 赫伯特·马尔库塞.单向度的人——发达工业社会意识形态研究[M].刘继,译.上海:上海译文出版社,2008:译后记,205.

③ 赫伯特·马尔库塞.单向度的人——发达工业社会意识形态研究[M].刘继,译.上海:上海译文出版社,2008:译后记,205.

会继续存在的政治派别,实现了政治对立面的同一化,原来作为政治反对派的共产党、社会民主党放弃了武力夺取政权的主张,而一度是革命力量的无产阶级也由于劳动强度的降低而没有了否定性和革命性。就日常生活而言,由于工业产品的极大丰富,各种不同阶层的人的生活方式被同化,以自由和平等名义提出抗议的基础不再存在。就文化领域而言,以前所谓的高层文化被现实文化所同一,人们不再有理想,或理想已被现实所超越,故此,人们不再想象另外的生活方式。由此看来,社会已经成了一个单向度的社会。再从思想领域看,马尔库塞认为,实证主义、分析哲学的胜利标志着单向度哲学、单向度思维方式的胜利。实证主义、分析哲学之所以是单向度的哲学,是因为它们将语言的意义同经验事实或操作等同起来,同时它们还发起了清除形而上学的运动,试图将所有的语言变成实证主义的规范语言,实现了对语言的清洗,也就是实现了对人脑的清洗。于是思想也变得单向起来。马尔库塞通过对单向度社会与单向度思想的分析,说明生活在这一环境下的人实际上就是一种单向度的人,他们丧失批判、否定和超越的能力,他们将不再去想象、不再去追求另一种生活,或者说,已经丧失了追求的能力。

可见,马尔库塞借助《单向度的人》批判的不仅是失去了否定、批判意识的人,而且包括这个越来越极权的社会,而形成这一切的罪魁祸首则是科技进步带来的工业文明,于是,科学及其技术才是其批判的矛头所向。同时,由于科技异化为意识形态,所以《单向度的人》也可以看作是法兰克福学派关于意识形态批判和科技批判合而为一的代表作。

哈贝马斯是法兰克福学派第二代领军人物,他对科学与技术的批判主要来自于1968年出版的论文集《作为"意识形态"的技术与科学》。哈贝马斯对科学技术的批判主要体现在相互关联的三个方面:第一个方面是他对"唯科学论"的批判。哈贝马斯明确指出:"我的研究目标是唯科学论的批判。"[①]在哈贝马斯看来,实证主义的认识论陷入了唯科学论的错误之中,唯科学论是实证主义拒绝自我反思和认识批判的结果,对"唯科学论"进行批判的最终目的就是恢复自我反思,恢复认识论对主体的批判。由此看来,哈贝马斯对唯科学论的批判实际就是对正统科学哲学的批判。第二方面是他对"政治科学化"现象的批判。在哈贝马斯看来,在以科技一体化为基础的社会一体化方面,出现了一种"政

---

① 哈贝马斯. 认识与兴趣[M]. 郭官义,李黎,译. 上海:学林出版社,1999:305.

治科学化"的现象。具体来说,在第二次世界大战之后,国家把越来越多有待解决的问题交给专家去做,政治家似乎成了科技专家的代言人或执行者。哈贝马斯对这种现象充满疑虑,在他看来,政治科学化的一个主要问题就是使广大民众的政治兴趣转向一些日常生活的方面(如调整物价、食品监督等),而一些更为根本的方面(如人类的自由、公正与全人类的解放等)则被遗忘。第三个方面是他对"技术统治论"的批判。哈贝马斯认为技术统治论实际上是资本主义社会将科学技术作为意识形态之基础的一种理论。技术统治论实际是唯科学论在实践领域的一种延伸,它坚持社会进步必须依靠科技进步来推动,而社会管理必须按照科技标准来进行。在技术统治论的视野之下,统治集团对社会的统治从表象上看将会变得更加的"科学""隐蔽",因为他们将他们统治的策略通过科学技术的方式展现出来,既使得他们的统治看起来更加的合理,也让他们剥削和压迫的统治本质更具隐蔽性。实际上,以科学技术为基础的技术统治论就是一种隐形的意识形态。在哈贝马斯看来,作为隐形意识形态的技术统治论将会给社会带来诸多风险,例如人将被机器所控制,而人也不再反思社会和技术本身。虽然在此之后,哈贝马斯期望通过重建自由、平等和不受限制的交往和对话来摆脱科技的意识形态功能所带来的危险,但这也不过是建构一种政治对话的乌托邦罢了。

当然,从欧陆人文主义传统出发,进而对科技进行批判的学者中,除了以上所述的几位之外还有很多,例如福柯、利奥塔等等,但是他们有一个共同的特点,就是充分地考虑到科技与政治、经济、生活、文化乃至与意识形态的关系,借助于这种多维度的关联来说明科技发展对社会生活产生的方方面面的影响。而其中诸多社会问题的出现,都是由科学技术的发展所导致。由此,他们的话语体系走向了对唯科学论的批判,对科学技术的批判,对正统科学哲学的基础主义、本质主义的全面解构,由此也就形成了具有欧陆风格的另类科学哲学群体。

无论是从英美分析哲学传统走向另类科学哲学,还是从欧陆人文哲学传统走向另类科学哲学,都表达了对科技理性的批判,对科技价值的质疑。它们的批判,为 SSK 乃至实验室研究提供了思想基础和话语背景。简言之,随着正统科学哲学的广受质疑,另类科学哲学的逐渐强大,越来越多的学派开始对科学展开不同维度的研究,而从社会维度对科学知识加以分析的 SSK 及其实验室研究也以其新颖的观点、颇具说服力的论证赢得了更多人关注的目光,甚至一度成为科学元勘研究的主流。

二、从宏观到微观:视域转向中的科学知识社会学

如果说另类科学哲学的兴起为引发科学的全面批判提供了理论语境,那么 SSK 则为实验室研究提供了具体的理论纲领。20 世纪 70 年代,随着 SSK 在爱丁堡学派的首先兴起,一大批学者开始加入 SSK 的研究中来,其学术影响开始越出英国,扩展到法国、美国等国家。研究地域的扩展预示了研究范式的扩展,在以宏观分析见长的 SSK 爱丁堡学派发展了 10 多年以后,学界对其用单一的利益模式来解释科学知识的社会建构论主张提出了广泛批判,SSK 的研究也由原来的宏观分析取向转入了微观分析视角,SSK 也转入了后 SSK 时期。后 SSK 更加关注的是作为实践的科学,而不是作为知识的科学。它们不再探讨科学知识形成背后的社会机制,而是对科学知识的生产过程加以描述,试图说明科学知识的建构过程。换言之,SSK 的发展实现了从 WHY 到 HOW 的转变。

微观转向之后的 SSK 或者说后 SSK 有三个研究场点比较具有代表性:第一个是科学争论研究,第二个是科学文本与话语分析研究,第三个就是实验室研究。由于实验室研究将科学知识生产第一现场的实验室作为其研究对象,故其理论显得更有说服力一些。但是,由于实验室研究主要是作为后 SSK 的一个研究分支出现的,因而,它的观点、方法、叙事方式都会受到 SSK 的影响。SSK 对实验室研究影响最深的方面表现在:第一,由其他另类科学哲学对科学进行批判的态度渗透到 SSK 这里就转化为它对传统知识社会学和科学社会学视科学知识为社会学禁区的批判和超越,而这种对待科学的批判态度也直接延续到了实验室研究的场点中。第二,SSK 最重要的理论主张就是关于科学知识的社会建构论,以至于有人将 SSK 与科学知识的社会建构论相等同。SSK 的这种社会建构论主张实际上来自于对库恩和维特根斯坦哲学的解读,来自于布鲁尔等人的强纲领及其分支纲领的运用,而社会建构论主张一旦形成,就像父辈的基因一样,或多或少地会被带到子代中来,而作为子代的实验室研究则直接受到了社会建构论思想的影响。第三,随着 SSK 在科学争论、文本与话语分析等领域研究场点的逐步

开启,实验室研究作为一个极具战略意义的场点必将闻风而动,由此,对实验室研究背景的梳理,离不开对 SSK 理论渊源、研究纲领、研究场点的梳理与分析。

(一)科学知识社会学的理论渊源

从研究内容的角度看,SSK 的最大理论贡献在于:一是对既有的知识社会学与科学社会学视科学知识为社会学研究禁区的突破,将研究的重点放在了对科学知识形成过程的考量上;二是提出了科学知识的社会建构论主张,但这种主张的提出不是凭空而起,而是建立在对传统社会学的继承与对库恩和维特根斯坦哲学思想的解读上。

1.对传统社会学的批判与超越

(1)对知识社会学的补充与拓展

知识社会学作为科学社会学的前身,得益于多位学者的工作,由于历史的原因,知识社会学的研究范围十分有限,但这些有限研究中所蕴含的对科学的一些思想却为后来的 SSK 及其实验室研究的出现提供了理论基础。

对知识的社会学探讨可以追溯到古代,但作为一门专业研究领域的知识社会学则始自迪尔凯姆(Emile Durkheim)。19 世纪 90 年代中叶迪尔凯姆探讨了一般的精神现象以及原始思维和原始宗教,认为一些基本概念与逻辑范畴的起源与原始的社会结构有着密切的关系。迪尔凯姆在研究这些问题时,对科学知识的问题也有所涉及,他说:"因为知识从根本上说是集体的,所以从原则上说,对科学也许能够进行社会学的分析。"[①]这就为对科学知识进行社会学分析提供了可能。但同时迪尔凯姆对科学也做了不同的说明:"科学逻辑的基本观点是宗教性的,换句话说,它具有社会根源,……(但)科学却对它们做了一番重新改装,排除了一切偶然成分。而且一般地说,它把批判的精神带进人类的一切活动,而这正是宗教所忽略的。它小心翼翼地'避免轻率和偏见',并把轻率、偏见和所有的主观影响排除在外……一旦脱离宗教,科学便在所有涉及认知和知识的运动中,取代了这些主观成分。"[②]这里,迪尔凯姆还是将科学排除在了知识社会学研究视野之外。

---

① 刘珺珺.科学社会学[M].上海:上海科技教育出版社,2009:25.
② 赵万里.科学的社会建构:科学知识社会学的理论与实践[M].天津:天津人民出版社,2001:73.

知识社会学这一名称是德国学者舍勒在 20 世纪 20 年代首先提出的。他在 1924 年发表的《知识社会学的问题》一文中,从历史的、相对主义的观点考察了知识的发展,认为由不同时期、不同个人组成的各种集团都曾努力去把握价值的永恒和不变的本质,但由于他们所处社会和历史的局限,很难把握那种不朽的本质。他还进一步指出,虽然由社会利益支配的"思想"不能决定科学知识的内容及其客观性,但它却可以决定知识对象的选择,同时获得知识的方法也将由这种"思想"和社会结构共同决定。此外,舍勒还重视世界观的作用,认为世界观可以说是社会集团的文化公理,它的变化是缓慢的。除了世界观之外,还有各种人为的知识形态,这种知识形态按照人为程度的不同可以分为七类,并对知识的人为程度做了初步的分析:①神话和传说;②自然民间语言中所包含的知识;③宗教知识;④神秘知识的基本类型;⑤哲学—形而上学知识;⑥数学、自然科学和文化科学的实证知识;⑦技术知识。以上知识人为的程度依次增高,人为程度越高,知识的变化就越快。而作为数学、自然科学等的实证知识由于人为程度很高故几乎每小时都在变化。① 从舍勒的观点可以看出,既然科学知识对象的选择受到以社会利益支配的思想的影响,那么对科学知识进行社会学分析也是合理的。同时由于知识变化的快慢受到人为程度的影响,而这种人为影响实际上意味着各种知识都存在主观的成分,而科学知识的人为影响很高,是不是可以借助 SSK 中的术语"建构"一词来说明科学是一种主观的社会建构呢?

曼海姆对知识社会学的贡献甚多,其知识社会学的研究是从知识论开始的,之后逐渐转向知识的社会学研究。曼海姆的知识社会学研究较多地受到了马克思意识形态批判理论的影响。马克思在其《政治经济学批判》(1859)导言中提出了这样的思想:"物质生活的生产方式制约着整个社会生活、政治生活和精神生活的过程。不是人们的意识决定人们的存在,相反,是人们的社会存在决定人们的意识。"②马克思特别强调生产力作为物质力量的决定作用,他认为科学知识与生产力密切结合,因而与法律的、政治的、宗教的、哲学的知识是完全不同的,这些知识需要在社会的冲突中加以说明,而科学知识则可以免于接受

---

① 刘珺珺. 科学社会学[M]. 上海:上海科技教育出版社,2009:26.

② 马克思,恩格斯. 马克思恩格斯全集(第 13 卷)[M]. 北京:人民出版社,1962:8.

意识形态的批判。同马克思对意识形态的分析相似,林奇认为曼海姆对知识大致做了三种区分:①至少有一部分产生于数学和精确的自然科学的知识似乎是与历史无关的。尽管,产生自这些领域的知识能够追溯出特定的历史起源,但这些知识的内容(至少一部分内容)不再带有历史的印记。②学术知识分子产生具有历史性相关的知识,但是他们的体制性和历史境遇在一定程度上能够促生他们的价值自由。知识社会学的"观点"能够发展出这样的一种条件。这种条件不能超越其历史性和社会性的起源,但作为一种政策和实际的条件,相比较它所试图解释的知识体系,实际上它更具广泛性和无党派性。③宗教的、道德的、政治的意识形态实际上总是建立在一种信念和共有的基础之上。①在这样的一个体系中,知识的内容以及评价这种知识体系的有效性的标准必然是情景性的。同时,在曼海姆看来:知识社会学的研究主要来源于第二种知识类型,而对于第一种即数学或精确的自然科学知识而言,其内容无疑不受个别主体及其社会历史属性的影响。②

索罗金(Pitirim Sorokin)也是知识社会学的代表人物,他从文化精神导出知识社会学的各个方面,并认为社会文化系统中的每件事情都依赖于"文化前提"。在索罗金看来,一种具体知识是由这种知识外部的文化因素决定的,而不取决于社会结构、地位、政治以及经济因素。而在索罗金的前述工作中,我认为有一项工作对后来的科学社会学以及知识社会学的发展意义重大,那就是他的社会学研究使用了经验研究的方法。刘珺珺先生对这部分工作做了考察并指出:"他(指索罗金)曾经把2500年(公元前580—公元1920)分为以20年为一期的125段,分别列出有贡献的思想家的名单,对他们的影响进行分类统计,然后再与他说的文化前提对应起来研究,得出结论。"③索罗金以数量为切入点的经验研究方法开启了知识社会学走向实证研究的先河,并在后续科学社会学的研究中得以大规模使用。

知识社会学的出发点是把知识当作一种精神活动、认识活动、思想方式来研究,它把思想范畴及知识体系归结为社会地位、社会集团与文

---

① Michael Lynch. Scientific Practice and Ordinary Action[M].London:Cambridge University Press,1997:45—46.

② 卡尔·曼海姆. 意识形态和乌托邦[M]. 艾彦,译. 北京:华夏出版社,2001:132.

③ 刘珺珺. 科学社会学[M]. 上海:上海科技教育出版社,2009:28.

化基础等社会因素。知识社会学虽然对知识的讨论非常广泛,包括从神话到科学知识的各个方面,并且舍勒、曼海姆等对知识也做了区分,但这种讨论往往是从知识的角度而不是从科学的角度,除了索罗金对知识做了经验的研究外,绝大部分的讨论还是一种哲学思辨。在刘珺珺先生看来:"(当时的)知识社会学并不是一个社会学学科,就多数人的工作来说,它不过是一种关于知识的社会哲学。"①

知识社会学的研究还在继续,但通过迪尔凯姆、舍勒、曼海姆、索罗金等人的工作可以说明一点,那就是:他们往往将哲学、宗教等作为知识社会学的主要研究对象,虽偶尔对科学知识进行社会学研究,并认为科学知识甚至还可能掺杂着人为建构的成分,但相对于哲学、宗教等知识而言,科学受到社会的影响要小得多,故大可将其排除在知识社会学的研究领域之外。后续的 SSK 研究,各位学者没有拘泥于知识社会学的研究传统,他们不仅将科学知识确定为他们的研究对象,还运用自然主义与经验主义等研究方法探讨科学知识在形成过程中的社会建构过程,这一新的尝试既是对知识社会学研究范围的补充与拓展,也是科学社会学研究历史上的一次新的突破。

(2)对科学社会学的批判与借鉴

在对知识社会学进行批判性的反思后,以默顿为代表的科学社会学逐渐把科学确定为社会学研究的对象,但令人遗憾的是,默顿的科学社会学并没有突破知识社会学视科学具有特殊认识论地位的藩篱,也没有关注科学知识的内容与社会因素之间的相互关联,而是将研究重点放在了科学的社会运行上,将研究的目标锁定在探讨"究竟是一种什么样的科学体制或社会机制保证了科学的特殊认识论地位"这一类的问题上。

《十七世纪英格兰的科学、技术与社会》和《科学社会学》是默顿科学社会学的代表著作,此外《科学发现的优先权》《科学界评价的模式》等论文的发表凸现了以默顿为代表的科学社会学的研究主题。他们主要讨论科学体制、科学共同体的内部关系,科学家的行为模式,科学奖励制度等问题。反思默顿科学社会学的基本假说,可以看出,他的科学社会学的理论框架、经验实验都建基于科学的体制化目标和科学家的行为规范之上。在默顿看来,所谓科学的体制化目标就是生产出正确

---

① 刘珺珺. 科学社会学[M]. 上海:上海科技教育出版社,2009:28.

无误的知识,而科学家的行为规范则是指:①普遍主义;②公有性;③无私利性;④有组织的怀疑。① 由此可见,科学共同体的唯一目标就是生产共同体共有的正确无误的知识,而行为规范则是确保实现这一目标的道德戒律,而这四条行为规范则构成了现代科学的精神气质。这些规范之所以有约束力,不仅因为它们在程序上有效,还因为科学家在心底里认为它们是正确的。只要科学共同体成员严格按照规范行事,一些社会因素如科学家的个人情感、信念、偏好、科学共同体的外部环境等等就不可能渗透到科学知识的认识层面,不会影响科学知识的生产以及科学活动的评价。默顿指出:"特定的发现和发明属于科学的内部史,而且很大程度上与那些纯科学以外的因素无关。"②

为什么默顿的科学社会学没有将科学知识作为社会学考虑的重点呢?除了受传统知识社会学的影响外,19 世纪末 20 世纪初处于科学哲学主流的逻辑实证主义的观点也是一个重要的影响因子。逻辑实证主义认为凡是可以被经验证实的命题就是科学的命题,不能被经验证实的命题就是形而上学的、非科学的命题,科学的命题既然是已经被经验证实的命题,那么它就是真实的命题,因此是对自然界的正确描述。SSK 的代表人物马尔凯也指出,科学哲学中存在着一种对科学知识的标准看法,此看法认为自然界是客观的、真实的,科学是为自然界的客观对象、客观过程及其相互关系提供准确说明的思想事业。自然科学的知识建立在观察的基础上,它用科学实验的程序及其标准为科学提供可靠的事实基础,科学的理论知识可以揭示自然界的真实本性。也就是说,科学知识的产生和接受,以准确的技术标准为依据,这种标准不以科学家而转移,不受个人偏见、感情因素和利益的影响;科学知识的社会起源和自然科学知识的内容无关,因为其内容完全是由自然界本身决定的。③ 马尔凯认为上述对科学的标准看法影响了科学社会学的研究。正是由于科学知识的内容是自然界客观真实的写照,所以科学社会学关心的重点就不应该是科学的认识以及科学知识的内容,而

---

① R.K.默顿. 科学社会学——理论与经验研究(上)[M]. 鲁旭东,林聚任,译. 北京:商务印书馆,2003:365.

② R.K.默顿. 十七世纪英国的科学、技术与社会[M]. 范岱年,等译. 成都:四川人民出版社,1986:102.

③ Michael Mulkay. Science and the Sociology of Knowledge[M].London:George Allen and Unwin,1979:19—21.

是得到这些知识的社会条件。显然,默顿的科学社会学就是受这种观点影响的产物。

在 SSK 看来,默顿的科学社会学是一种"科学家的社会学",它所具有的完全的规范性特征,把"是"与"应该"的科学混为一谈,把关于科学的理想化的道德指令与真实的科学本身混为一谈,把对科学合法性的预设与科学合法性本身混为一谈。默顿的科学社会学通过规范的强制性,一方面进一步强化了实证自然科学的特殊地位;另一方面,由于放弃关注科学知识的内容本身,那些困扰知识社会学家的相对主义的"自我驳斥"问题似乎也得到了解决。

普赖斯可以说是与默顿并驾齐驱的科学社会学家,1963 年他的《小科学、大科学》一书出版,书中运用数量分析、统计的方法研究科学的发展总体(历史与现状)。他通过分析科学工作的人力、科学文献以及科学事业和经费等方面的统计数字,说明科学事业在迅速增长;科学出版物的作用与科学交流的形式在变化、科学的机构与组织在进化,说明现代科学已进入了大科学时代,而这种大科学与以前的小科学存在很大的差别。普赖斯这种观察问题的角度与研究科学的传统完全不同,极具启发价值,因而普赖斯也被认为是科学社会学的主要代表人物之一。无论是默顿的科学社会学还是普赖斯的科学社会学,不管是研究科研奖励制度、科学家的行为模式还是研究科学的总体发展,有一点是相同的,那就是他们都进行了广泛而具体的经验研究,用各种经验资料及数据说明理论观点和假说。这种对科学进行经验研究的方法,在知识社会学中,除索罗金外,其他人的研究基本停留在哲学思辨的层次上。由此可见,科学社会学不仅将知识社会学经验研究的方法继承了下来,并且还将其发扬光大,正是由于大量经验方法的运用,才使得科学社会学逐渐走向了成熟。

SSK 的社会建构论主张,似乎与知识社会学家舍勒的观点颇为相似,但与科学社会学视科学是对自然世界的客观描述的观点却截然不同。在 SSK 的社会建构论看来,迪尔凯姆、曼海姆等人的知识社会学仍然局限于"知识二分法"的传统之中,保护和豁免科学知识不受社会学的侵袭,故这样的知识社会学是"没有科学知识的知识社会学"。默顿等人的科学社会学,虽然将科学作为社会学研究的对象,却将科学知识的内容悬置一边,不予理睬。他们这种将科学知识"黑箱化"的处理办法,一方面将科学社会学塑造成了科学家的社会学或科学体制的社会学,另一方面也恰好给 SSK 的研究留下了广阔的空间。而作为 SSK 研究分支之一的实验室研究,一方面批判了科学社会学视科学的内容为社会学研究禁区的观念,进而,一些人类学者开始闯入知识的黑箱,窥视科学知识的实际制造过程,甚至还将社会因素对于知识生产的作用扩大到极致,认为科学知识的产生是科学家主观建构的产物;另一方面,他们借鉴了科学社会学特有的经验研究方法,从这个意义上讲,实验室研究依然可以看作是科学社会学研究领域之内的一种新的尝试。

2.库恩科学哲学的社会学化

库恩是科学哲学历史主义学派的主要代表人物,他不仅注重科学史对于科学哲学重建的意义,而且在很多传统哲学问题的解释上具有社会学的倾向。站在历史主义的视角,库恩将"科学哲学还原为社会学"[1],而正是他的这种科学哲学的社会学化倾向,奠定了 SSK 的理论基础。在 SSK 爱丁堡学派看来,库恩既是科学的支持者,也是科学的背叛者;作为一位历史学家,他有着极高的专业造诣,他所极力倡导的工作的全部动机和目的就是要把社会学研究扩展到对科学的探索中去,使得他的工作更有影响力。具体而言,库恩的科学哲学的社会学化倾向主要表现在如下几个方面:

第一是他对"范式"的理解。"范式"是库恩历史主义科学哲学的核心概念,虽然他始终没有给"范式"一个确切的定义,但通过他的多次阐述(参见本书第一章中"修正主义科学哲学对科学的质疑"部分对库恩思想的简略说明)可以看出,他的"范式"概念掺杂着诸多社会因素的成分。在库恩看来,"范式"这一概念与"科学共同体"比较接近,或者说就是科学共同体所有成员所共有的理论、模型、信念或是实验仪器的使用方法等等。由此看来,范式是科学共同体所有成员达成的一种默契或是一种约定,而这种默契或者约定究竟如何达成库恩并没有指明,但从他对科学发展的范式更替模式的解释看,他这里的约定并不是彭加勒

---

① Rorty R. Consequences of Pragmatism [M]. Hassocks, Sussex: Harvester Press,1982:55.

约定论①意义上的约定，而可能是科学共同体内部成员之间的一种磋商，而磋商本身就说明了范式的达成与社会因素密切相关，此时个人的科学研究也就演变为一种群体的协作行为。

第二是他对科学发展的范式更替模式的理解。在库恩看来，科学的发展是一个渐变与突变相互伴随的过程。渐变发生在常规科学时期，而突变则发生在科学革命时期。科学革命的一个显著特征就是范式实现了更替。换言之，在新的范式出现之前，科学革命不可能发生。新范式是如何出现的呢？在库恩看来："新范式或者一种容许日后阐释的充分的暗示，都是一下子突现出来的，有时是在午夜里，有时是在一个深为危机所烦恼的人的头脑里。"②而当这种充满偶然色彩的新范式出来之后，是不是科学革命立刻出现，新旧范式立即实现更替呢？并没有那么简单。在库恩看来，当新范式出来之后，有些科学家还会坚持旧范式，至死不肯放弃，而另一些科学家（尤其是年轻人）可能出于好奇，或是心理方面的原因，很快接受了新范式，于是新旧范式处在一种竞争之中，随着科学共同体内部的不断分化，相信新范式的人可能会逐渐增多，于是新范式逐渐地战胜了旧范式，科学革命不久就会出现。此时的科学革命在库恩看来将是一场科学共同体内部的心理大变动，就如同宗教革命和政治革命一样，是一种信仰的变化或是一种宗教的皈依。从库恩对科学发展的范式更替的解释可以看出，他赋予社会或心理因素以极大的作用，而无视理性和经验检验的作用，最终必将陷入相对主义的泥潭。

第三是他对理论或范式之间的不可通约的理解。在库恩看来，随着范式的更替，范式与范式之间具有不可通约性，处于不同范式框架下的人或理论将无法交流，不能相互理解。换言之，处于不同范式框架下的人将会看到一个不同的世界，因为观察渗透着理论，而范式则提供了

---

① 彭加勒的"约定论"又称为"经验约定论"。在约定论者看来，科学定律是约定的，而不是归纳的。这里的"约定"与彭加勒意义上的"约定"不同，主要差别在于：彭加勒等人的"约定"是出于科学家的理智能力。原则上，同一组现象可以有其他数学公式来说明或描述，没有一个是先验必然的，因此科学定律基本上只是约定的；而这里的"约定"与社会背景和环境相关，而不是科学家在选择数学工具时，基于理性能力，基于方便、简洁和优美等价值所做出的决定。

② 托马斯·库恩. 科学革命的结构[M]. 金吾伦，胡新和，译. 北京：北京大学出版社，2003：83.

这种理论的来源。而大家都认为我们面对的是一个相同的世界,这只能说明范式与世界无关,换言之,范式及其理论只是一种人为的社会建构,而不是对外在世界的客观说明。同时,由于范式之间不可通约,也就无法找到一个可行的标准对它们进行比较,以确定哪一个范式更好,故库恩只得将范式的更替交由社会或心理因素来解释。在哈金看来,正是库恩的"范式转换"观点,对科学的合理性和进步性造成了威胁,而其中蕴含的相对主义认识论立场则直接成了科学的社会建构论的认识论前提。①

库恩科学哲学的社会学化奠定了 SSK 的理论基础,以致后来的多位 SSK 学者都承认他们从库恩的著作尤其是《科学革命的结构》受到了启发,正如富克斯所言:"科学的社会研究与其说强调同经典的知识社会学或默顿的科学社会学的对立,还不如说更强调同传统的实在论哲学的对立。对这个领域而言,库恩被认为比曼海姆和默顿更重要,因为 SSK 是作为认识论的后经验主义解构的社会学补充而展开的。关于科学的理想主义与理性主义的哲学错觉,必须由一种现实主义和以经验为基础的 SSK 取而代之。"②由此,我们可以认为,SSK 是科学哲学的社会学转向,而不是科学社会学的科学哲学转向。同时,由于库恩的历史主义科学哲学以科学史的案例为依据,并对其做了社会学的解释和说明,这促使其他的以科学为研究对象的科学哲学家、科学史学家以及科学社会学家更加关注真实发生的科学,这也从另一个方面推动了SSK 以及实验室研究的进一步展开。

3.维特根斯坦后期哲学的社会建构论解读

维特根斯坦的哲学之路主要划分为前后相继的两个时期,由于这两个时期的观点迥异,故他的哲学也被称为前期哲学和后期哲学。早年的维特根斯坦由于受罗素的影响而成为逻辑经验主义的一员,后来他脱离了该哲学流派而成为日常语言哲学的主要代表。事实上,逻辑经验主义和日常语言哲学都属于实证主义的范围,二者都认为,认识不能超越于经验之外。其不同在于:逻辑经验主义主张经验证实的原则,

① Ian Hacking. Representing and Intervening[M]. Cambridge: Cambridge University Press,1983:14.

② Stephan Fuchs.The Professional Quest for Truth[M].Albany:State University of New York Press,1992:43.

语言、语词、语句的意义是由它们所对应的经验事实决定的,而真理就是命题和经验事实的一致,真理的标准在于经验的证实;而日常语言哲学主张日常语言分析的原则,语言、语词、语句没有固定的经验对应者,它们的意义来自于人们日常习惯中对语言规则的约定。

维特根斯坦前后期不同的哲学观主要通过《逻辑哲学论》和《哲学研究》反映出来。前者主要是解构,其目的是让哲学成为语言学问题。在他看来,哲学必须直面语言,"凡是能够说的事情,都能够说清楚,而凡是不能说的事情,就应该沉默",哲学无非是把问题说清楚。由此,他指出:"传统哲学的思维方式是以追求本质、真理、知识等为目的的形而上学方式。在语言研究中,这种思维方式就表现为试图建立普遍的理想语言,以语言的逻辑形式构造整个世界的图式,这也是《逻辑哲学论》所要达到的目标。"①后者则试图实现哲学的回归,是前者解构之后的建构。在维特根斯坦看来,创造一套严格的可以表述哲学的语言是不可能的,因为日常生活的语言是生生不息的,这是哲学的基础和源泉,所以哲学的本质应该在日常生活中解决,在"游戏"中理解游戏。换言之,语言是根植于"生活形式"之中的,语言的界限就是世界的界限。在他看来,所有的实在都是语言学上的建构,科学实在也不例外。科学对实在的建构本身就是一种"语言游戏","语言以及人类的思考和认识只有在本质上具有社会性和实践性的'生活合流'中才有意义"。维特根斯坦的这种社会建构论观点显然为 SSK 的社会建构论主张提供了理论基础。

晚年的维特根斯坦开始对自然科学知识享有免于社会学研究的特权提出异议,认为科学知识也有其限度,也应该被视为一种文化现象。他认为,在科学文化的早期进化阶段,任何信念只要得到社会的认同就可能被人们视为真理而加以接受。"由于人们可以确切地说我们遵循各种规则,所以,必定存在某种遵循这些规则的方式,而且这些方式并不涉及解释"②,诸如"与实在相符合""遵循逻辑""定义为真"之类的陈述,都是人们赋予智力行为的认识论颂词,它们实际上深根于我们认识

---

① 江怡.维特根斯坦:一种后哲学的文化[M].北京:社会科学文献出版社,1996:导论,4.

② Ludwig Wittgenstein. Philosophical Investigations[M]. Transloted by, G. E. M. Asncombe. Oxford:Blackwell,1967:201.

世界意义的习惯方式之中。

在巴恩斯看来,后期维特根斯坦始终在强调社会相对于个人来说具有优先性,他将个体行为和信仰都看作是自然现象,有很强的社会学和自然主义倾向。此外,维特根斯坦认为,我们的公共知识不是通过个体经验获得的,而是只有当个体掌握了一定的公共范畴之后,人们才能意识到"自我"。知识就其本性而言是社会的,我们与他人互动、加入其他群体不能归于偶然因素,他人与群体是我们认知过程的具体语境,它构成了我们知识信念及知识的全部内容。维特根斯坦同时否认私人语言的可能性,在意义理论上他认为意义等于使用,这在布鲁尔看来,是提出了意义的社会理论。

在巴恩斯看来,维特根斯坦无论是对一般事物的刻画,还是对科学家的悉心描述,甚至对数学家论据的分析,均渗透着社会学特征。可以说,后期维特根斯坦哲学为 SSK 的研究奠定了认识论基础,他明确表明了对科学知识普遍一致性的怀疑,这种态度直接危及两类知识的划界标准。温奇(Peter Winch)将维特根斯坦的语言哲学与韦伯的意义理解社会学结合起来,认为只有在语言规则和社会行为联系起来之后,才可能谈得上对社会行动意义的真正理解,"规则遵循"把语言和行动联系起来。这样,经过温奇的扩展,维特根斯坦那里的"生活形式"便借助各种"语言游戏"具体化,而"游戏"的真正完成必须依赖于一种"规则遵循","规则遵循"实现的前提是理解游戏中使用的语言,理解游戏的语言是一种游戏参与者的共同语言,行动由于语言而具有了意义。

SSK 学者在维特根斯坦的"生活形式"和"语言游戏"中找到了类似于库恩的"范式"的东西,并且同时找到了对数学以及精确的自然科学进行社会文化分析的依据,同对库恩科学哲学的社会学化解读一样,SSK 的社会建构论也对维特根斯坦进行了"社会建构式"的解读,把维特根斯坦的语言哲学讨论,扩展到对科学知识的社会分析;把维特根斯坦对人类生活本质的一般界定,扩展到科学知识产生的经验世界;并在科学的社会建构论的框架中,实现了库恩和维特根斯坦思想的结合,这种结合就是科学的社会建构的"有限论"思想,"有限论揭示了社会过程渗入知识领域的内在方式",它强调"表现在每一概念应用活动中的偶然性也包含着社会偶然性",这种偶然性包含着利益、传统、惯例以及相关的力量。在巴恩斯等人看来,"维特根斯坦认为实践中某种生活形式的参与者之间的一致性,不是观点上的一致性,而是语言使用上的一致性。"①通过以上分析,SSK 实际上是用维特根斯坦的语言,言说库恩的思想,表达自己的立场,进而说明"科学的社会建构"对维特根斯坦和库恩思想的承载路径和方式。

(二)科学知识社会学的研究纲领

以库恩和维特根斯坦在哲学领域的相关工作为基础,立足于对传统知识社会学的突破和科学社会学的批判,在 20 世纪 70 年代后现代话语对科学价值的质疑之下,SSK 在英国的爱丁堡首先兴起。作为对以默顿为核心的科学元勘的超越,以布鲁尔、巴恩斯为先驱的一些学者开始将科学知识作为一种产品来研究,他们创办了属于自己的专业性的学术刊物,并发表了大量的研究成果,形成了独具特色的 SSK 爱丁堡学派,为 SSK 的进一步发展与壮大打下了坚实基础。

随着 SSK 的逐渐壮大,20 世纪 80 年代以后,SSK 的研究已形成各具特色的多个研究学派,除爱丁堡学派外,还有英国的巴斯学派(以柯林斯为代表)、约克学派(以马尔凯为代表),法国的巴黎学派(以拉图尔为代表)等等。如果将布鲁尔和巴恩斯看作是 SSK 的理论家,那么柯林斯、马尔凯、夏平、拉图尔、诺尔—塞蒂纳则可以看作是 SSK 实践家。如果将 SSK 的主要工作做一个分类,那么大致可以按照研究视角和研究场点的不同来划分:按研究视角的不同,可以将 SSK 分为宏观视角和微观视角,宏观视角侧重从结构水平上分析影响科学知识内容的社会因素,以爱丁堡学派的利益分析模式为代表;微观研究视角则是将研究的关注点放在科学知识生产的日常实践上,文本与话语分析以及实验室研究即属此列。按研究场点的不同则可以将 SSK 分为科学争论研究、文本与话语分析研究以及实验室研究三个方面。与其他两个研究场点不同的是,科学争论研究不能简单地归为微观或宏观视角,换言之,这与研究者对具体科学争论案例的分析有关,也可以说,科学争论研究是连接宏观与微观的桥梁和纽带。

1."强纲领":科学知识社会学的理论核心

布鲁尔的《知识和社会意象》可称为 SSK 的奠基之作,书中提出了

---

① Barry Barnes, David Bloor&John Henry. Scientific Knowledge: A Sociological Analysis[M].Chicago:University of Chicago Press,1996:116.

号称为"SSK 强纲领(Strong Programme)"的四个信条,其动机是将 SSK 建设成为一门与自然科学相类似的标准的经验科学。这四个信条之所以被称为强纲领,与研究传统有关。在 SSK 出现以前,人们对科学知识成因的研究和说明,主要是从理性主义的角度来进行,对社会因素的态度是"一般不考虑,不得已时才求助之"。他们基本上将社会因素与非理性因素同等对待。与之前的态度相比,爱丁堡学派的态度要强硬得多。这种"强硬"表现在,对于知识的形成过程来说,他们不仅认为各种社会因素始终存在,而且是起决定作用的。

"强纲领"的四个信条分别是:"第一,它应当是表达因果关系的,也就是说,它应当涉及那些导致信念或者各种知识状态的条件。当然,除了社会原因之外,还会存在其他的将与社会原因共同导致信念的原因类型。第二,它应当对真理和谬误、合理性和不合理性、成功与失败,保持客观公正的态度。这些二分状态的两个方面都要加以说明。第三,就它的说明风格而言,它应当具有对称性。比如说,同一些原因类型既可以说明真实的信念,也可以说明虚假的信念。第四,它应当具有反身性。从原则上说,它的各种说明模式必须能够运用于社会学本身。"①

以上四个信条往往被学界简称为因果性、公正性、对称性及反身性。要准确地理解强纲领的内涵,首先有必要弄清爱丁堡学派关于知识与信念的区分。在布鲁尔看来,知识社会学家所关注的(科学)知识并非是真实的信念,而只是一种得到集体认可的信念。实际上,布鲁尔的这种看法是与传统哲学观大为不同的。罗素曾指出,信念是指相信的状态,而知识"属于正确的信念的一个次类:每一件知识都是一个正确的信念,但是反过来说就不能成立。"②巴恩斯不同意这种区分,在他看来,把知识与信念区分开,会使知识看起来就像是教条一样的东西。对于知识是否有效、是否为真以及什么是评价知识的最终方法,我们不一定能得出结论。与布鲁尔相似,巴恩斯也认为,知识只是指已经被群众接受的信念,而不是指正确的信念。基于知识与信念的以上区分,接下来就强纲领的四个信条分别加以解读。

强纲领中的"因果性"是想说明知识的产生和存在基于一定的条件

---

① David Bloor. Knowledge and Social Imagery[M].Chicago:University of Chicago Press,1991:7.

② 罗素. 人类的知识[M]. 张金言,译. 北京:商务印书馆,1983:191.

和原因,在布鲁尔等人看来,知识社会学家的任务在于建立各种因果模型,从而合理说明影响知识分布与变迁的各种因素。这与传统科学哲学的目的论模型有所不同,在传统目的论模型看来:"科学知识体系作为一个自由王国,其逻辑、合理性和真理均可以对自身进行说明,无须援引心理和社会方面的理由来加以说明。"①而在布鲁尔看来,这种目的论的主旨是:"把行为和信念划分为两种类型:正确的与错误的,真实的或者虚假的,合理的或者不合理的。"②布鲁尔反对这种目的论模型,倡导用一种社会因果解释模型代替之。

强纲领的第二和第三个信条分别是"公正性"和"对称性",这种公正性和对称性是对待科学知识的"合理性"和"不合理性"的公正和对称,这显然为传统观点所不容。作为传统观点的代言人,劳丹反驳道,当且仅当某些信念无法对其理性优点进行解释时,才需要知识社会学解释它们;思想史家的任务是利用手中的工具去解释思想史中合理性的那部分内容,而对于某些非理性状况(科学的外部关系以及理论选择中的偶然性等),才轮到知识社会学家插手。在牛顿一史密斯看来,社会学只适用于反常现象,当且仅当背离合理性的反常情况出现时才需要社会学出场。

"反身性"是强纲领的最后一个信条,此信条要求研究者坚持和运用的理论本身也成为他们自己的研究对象,换言之,研究者必须将他们用以说明知识和理论的模式,同样用于对待和研究他们自己的理论。因此,他们也经常遭到"既然科学知识是社会建构的产物,那么SSK也是一种社会的建构"如此这般的攻击与诘难。

爱丁堡学派的强纲领SSK还有一个主要的倾向就是相对主义,这种倾向主要表现在他们对于知识产生的相对主义理解上。在爱丁堡学派看来,一切知识均具有相对性,它们不仅被社会建构和决定并会随着社会情境的变化而发生相应的变化。基于这种相对主义的立场,科学知识不是如过去学者所想象的那般单纯地反映自然实在,它不取决于自然,而是取决于社会。由此,爱丁堡学派的社会建构论对科学知识本性的探讨,与传统"自然之镜"的科学观完全不同。进一步说,科学家的

---

① 郭俊立. 科学的文化建构论[M]. 北京:科学出版社,2008:3.

② David Bloor. Knowledge and Social Imagery[M].Chicago:University of Chicago Press,1991:9.

日常行动与他们所处的特殊社会文化背景有关,具体而言,与他们的教育养成、社会价值观以及社会资源的提供方式有关。由此,科学必将受到社会的价值偏好(包括意识形态、性别歧视、偏见等等)的影响,而这些因素犹如科学理性的敌人,它们将悄悄地渗透到科学活动以及科学知识的产品之中。正是基于强纲领和关于知识的相对主义立场,爱丁堡学派开启了关于科学知识的社会学研究之路。

2.“次生纲领”:科学知识社会学的研究扩展

所谓“次生纲领”,也就是基于“强纲领”之下的一些具体研究纲领,它们以“强纲领”为核心与理论基础,并结合具体案例做进一步的分析。总体说来,次生纲领的种类繁多,它们虽然均在强纲领的统摄之下,但与强纲领的理论宗旨又不完全相同。大致说来有社会建构论纲领、经验相对主义纲领、利益分析纲领、有限论纲领、批判编史学纲领、文本与话语分析纲领以及反身性纲领等等。由于社会建构论纲领、经验相对主义纲领、批判编史学纲领以及文本与话语分析纲领分别与 SSK 研究的三个主要场点——实验室研究、科学争论研究、文本与话语分析研究有关,稍后再做介绍,在此,简略探讨其他几种研究纲领。

第一个是利益分析纲领。利益分析纲领又被称为利益模式,它是以布鲁尔和巴恩斯为代表的 SSK 爱丁堡学派的重要研究纲领。它们往往采取宏观研究的视角,并借助“利益理论”作为其解释的资源,在结构水平上对科学知识的形成过程做宏观的社会学分析。就如巴恩斯等人所言:“我们试图说明科学探索的目标与利益彼此相通,无论是科学探索还是对科学探索的评价本质上都是目标导向的活动。”①需要说明的是,爱丁堡学派所指的“利益”并不单指经济利益,而是也包括政治或宗教利益,认识或专业利益、职业利益等等在内的一个复杂的集合体,或者泛指科学研究过程中的一切社会背景因素。以利益分析纲领为依据,布鲁尔、巴恩斯等人以自然主义与经验主义的研究方法开展了一系列历史案例研究,他们以历史上的科学争论为突破口(如巴恩斯和麦肯奇关于 20 世纪早期“孟德尔主义”与“优生学的生物统计学家”之间的论战、布鲁尔关于“玻意耳的机械论哲学”与“卢克莱修的物活论的物质观”之间的论战、皮克林关于基本粒子的“粲夸克”与“色夸克”之间的论

① Barry Barnes, David Bloor&John Henry. Scientific Knowledge: A Sociological Analysis[M].Chicago: University of Chicago Press,1996: Introduction,3.

战等等)来分析宏观的利益因素如何影响科学争论的进程。

第二个是有限论纲领。有限论纲领是爱丁堡学派发展到后期的一个次生纲领,其基本思想在布鲁尔等人的《科学知识:一种社会学分析》中有详细阐述。在布鲁尔等人看来,当我们对某一类事物或某一种事物进行谈论时,首先就涉及对这类事物的分类,因此,"我们的分类都是由经验的激励(the promptings of experience)或分类的先前行为来决定的。一个术语的每一次新的运用在社会学上都是有疑问的。有限论强调分类活动的惯性特征和社会学意义,强调这类事实:每一个分类活动都具有一个评判的形式,每一个行为都在改变下一个行为的基础,每一个行为都是可废止和可修正的,每一个行为都包含一个推论,推论不仅仅是正在使用的术语所具有的'含义',推论还包含着情景中普遍使用的其他术语所具有的'含义'。"①简单而言,有限论的基本思想就是将任何未知的现象,按照相似性将它们归入已知的有限的类中。

第三个是反身性纲领。严格说来,反身性纲领并不是对布鲁尔的反身性信条的阐释,而是一种进行经验研究的纲领,与常人方法论中的反身性有相关之处。客观说来,反身性论题是科学文本与话语分析内在蕴含的一个主题,但对其真正加以重视的是伍尔加。他在与拉图尔合写《实验室生活》的时候就已经注意到了反身性问题,而直到20世纪80年代,他才将这一问题引入SSK研究。从常人方法论看来,反身性是可"说明性的"一个子项,社会学家的说明本身就是行动场域的一个有机的组成部分,专业社会学家将无法区分"社会"和"社会学"的边界,每一个行动者既是社会行动的参与者,也是说明这一社会行动的社会学家。正是基于以上思想,伍尔加对利益分析模式以及经验相对主义模式做了批判,并提出"反身性就是关于文本的民族学家"这一基本观点。

通过各种不同的次生纲领,强纲领的精神得到了比较好的贯彻和说明,但也面临着诸多的挑战,SSK的发展也开始从宏观转向了微观,从对科学知识理论的分析转向了对科学知识生产过程的考察与解读,研究纲领也趋于多元化,而基于科学争论、科学文本与话语分析、实验室等多场点的研究为这种多元化的格局提供了注解。

---

① Barry Barnes, David Bloor&John Henry. Scientific Knowledge: A Sociological Analysis[M]. Chicago: University of Chicago Press, 1996: Introduction, 2.

(三)科学知识社会学研究场点聚焦

如上文所述,SSK 比较有特色的研究场点有三个:科学争论研究、科学文本与话语分析研究以及实验室研究,而实验室研究将是下一章及其后各章探讨的重点,故本部分主要介绍前两个方面。

1.科学争论研究

科学争论研究作为一个独特的研究纲领首先是从宏观视角介入的,爱丁堡学派的巴恩斯可以说是这一研究场点的先驱,不过他们的分析是基于利益理论模式的。随着研究的进一步升级,单纯从宏观角度进行的科学争论研究已经无法解释复杂的社会因素如何逐渐渗透到科学知识的生产环节等诸如此类的问题,于是以柯林斯为代表的巴斯学派开始从微观角度开展科学争论研究。这些研究在柯林斯的《改变秩序:科学实践中的复制与归纳》(1985,1992)以及夏平和谢弗的《利维坦和空气泵:霍布斯、玻意耳与实验室生活》(1985)等著作中体现出来。以下仅对柯林斯的部分研究工作加以探讨。

柯林斯的《改变秩序:科学实践中的复制与归纳》是从作者对"复制 TEA 激光器""探测引力辐射"以及"超心理学研究"三个科学争论的案例的跟踪考察展开的。[①] 基于对这些案例的研究,柯林斯得出了不同寻常的结论。在正统科学哲学看来,科学具有客观性,这种客观性往往通过实验的可重复性体现出来。但柯林斯关于以上案例的研究似乎并不支持这一结论,而是得出了一种所谓的"实验者回归"现象。"实验者回归"现象意味着什么? 它与传统的科学观又有何冲突呢? 结合这些问题,展开对柯林斯工作的深入分析。

在 20 世纪 70 年代早期,加拿大的一个国防研究室宣布他们制造出了 TEA 激光器(the Transversely Excited Atmospheric Pressure

---

① 这些考察包括:(1)1971 年夏,访问和访谈建造或打算建造 TEA 激光器的英国物理学家;(2)1972 年,访问和访谈研究引力辐射和超心理学的英国科学家;(3)1972 年秋,访问和访谈在 TEA 激光器、引力辐射和超心理学领域工作的北美科学家;(4)1974 年年底和 1975 年年初,参与巴斯大学物理学家鲍伯·哈里森(B.Harrison)建造 TEA 激光器的工作;(5)1975 年秋,对上述参与引力辐射和超心理学工作的北美和英国学家进行回访,同时还访谈了参与引力波争论的德国科学家;(6)1976 和 1977 年,搜集了英美科学家关于引力波物理学研究("超常的金属弯曲"和"勺子弯曲")的更多资料;(7)1979 年 3 月,在爱丁堡的哈里奥特—瓦特大学再次参与哈里森建造 TEA 激光器的工作。参见 Harry Collins.Changing Order[M].Beverly Hills:SAGE Publications LTD,1985:169.

CO_2 Laser),实际上,在1968年这种装置就开始运行了,并在同年的秋季他们还制作了一台更为复杂的装置,但是,在随后的两年间,这两台激光器被指定为机密。于是其他国家纷纷设计或复制 TEA 激光器。在1971到1972年间,柯林斯访问了五个北美实验室和六个英国实验室,以了解这些激光器在这些实验室的建造情况。通过访问,柯林斯得出以下六个方面的结论性命题:(1)技能类知识的转移是多变的。(2)技能知识最好(或只有)通过熟练的实践者进行传播。(3)实验能力具有能在实践中产生与发展的技能特征。像一种技能一样,它不可能被完全说明和绝对确定。(4)实验能力在它的传播过程中以及在它的那些人中是无形的。(5)设备及其元件的正常运行和实验者的正确工作方式,是通过参与产生正确实验结果的能力来定义的。其他指标则找不到。(6)科学家等人往往相信自然由一组算法那样的指令直接操纵着自然界的反映。这给人留下的印象是,从字面上来看,做实验是一种形式。这种信念,尽管在遇到困难时会被偶尔悬置起来,但是,在实验成功之后,它会灾难性地再次明朗化。[①]而以上六个命题的意义究竟是什么? 柯林斯将结合另外两个案例做进一步阐述。

与 TEA 激光器的建造相比,关于引力辐射的探测要复杂得多。引力辐射被认为是光或其他电磁辐射的不可见的等价物。大多数物理学家都同意爱因斯坦广义相对论的预言,那就是大质量物体的运动将会产生引力波。但是,引力波如此之微弱,以至于很难被探测到。然而,一旦引力波被探测到,一方面能够很好地验证引力辐射理论,另一方面还有望得到天体源方面的信息,从而取得超灵敏探测技术的重大突破,因此其研究极具吸引力。马里兰大学物理学家韦伯(J. Weber)经过八年努力设计了对引力波探测的实验装置,并于1969年声称探测到几个不可能由探测器的噪声来说明的波峰。韦伯的工作引起了世界物理学界不小的震动,相关工作在各大实验室紧张进行,但是要建造一台与韦伯的一样的大型精密探测装置并非易事,而要得出与韦伯一样的结论则更是不可思议。

在柯林斯看来,关于引力波探测的案例进行到此,可以对第一个案例的六个命题做进一步的回顾和分析:"命题一到命题四表明,我们现

---

① Harry Collins . Changing Order[M].Beverly Hills:SAGE Publications LTD, 1985:73—78.

在能够制造一台引力波探测器是不可能的。命题六暗示了为什么我们会傻乎乎地相信我们已经拥有了探测引力波的诀窍的原因所在。命题五意味着,在我们设法明白我们是否能获得正确结果之前,我们完全不知道,我们能否做得到。"①但是,什么是正确的结果? 唯一的办法是建造一台好的探测器并进行观测,但是在他们得到正确的结果之前,任何人都不知道他们建造的探测器好不好,对于什么是正确的结果他们也一无所知,于是探测器不断地被制造并用于检测,但在得出好的结论之前这种工作还得不断地进行,因为他们不知道什么时候得到的是好的结果,何时能得到好的结果,一种所谓的"实验者回归"现象便显现出来。在进一步的研究中,柯林斯发现科学家对他们自己或是他人的装置是否为好的探测器意见并不一致,之所以出现这种情况,可能是因为他们缺乏确定质量的独立标准。而对这些论断的判定与是否有引力波存在的问题是共存的。当人们断定哪些实验好时,只可能有两种选择,一是探测到引力波的实验好,二是没有探测到引力波的实验好。换言之,一旦确定了引力波是否能被探测到,一种判定实验仪器好坏的标准便出现了:如果有引力波存在,那么能探测到引力波的仪器是好仪器;如果引力波根本不存在,那么探测不到引力波的实验就是好实验。于是原来的问题发生了转换,不是引力波是否存在的问题,而是实验好不好的问题。

事实上,当韦伯在做引力波的探测实验时,还有三人已做了很长时间的探测工作,他们得到的均是否定的结论。通过对引力探测实验的进一步考察和分析,柯林斯在前述六个命题的基础上进一步提出了三个命题:(7)当常规标准——成功的结果——不适用时,科学家对能胜任地做哪些实验存在分歧。(8)在把什么算作一个能胜任的完成的实验存在歧义的地方,接着发生的争论与什么是恰当的实验结果之争是共存的。结束关于能胜任的含义之争,在于"发现"或"没有发现"一种新的现象。(9)决定现象的存在与"发现"它们的性质相伴随。② 在此情况下,人们开始质疑韦伯的实验过程,试图从中找出错误的地方,并对

---

① Harry Collins. Changing Order[M]. Beverly Hills: SAGE Publications LTD, 1985:83—84.

② Harry Collins. Changing Order[M]. Beverly Hills: SAGE Publications LTD, 1985:89.

韦伯的实验检验本身做进一步的检验,而对检验的检验还得检验……于是"实验者回归"现象再次出现。由此看来,要重复一个实验非常困难,有时候甚至无法达到,而科学将其理论检验的可重复性作为其客观性的依据,很缺乏实践上的可操作性。

如果说柯林斯所研究的前两个案例属于"科学"这一术语的范围,那么,他的下一个研究案例则处于科学的边缘地带。这一研究与超心理学有关,说得科学化一些是"植物对微弱刺激的反应",说得模糊一些是"植物的情感生活"。具体而言,在20世纪60年代,纽约的测谎器专家巴克斯特声称可以用他制造的测谎器来测量与人类似的植物的情感生活。通过这一案例的研究,柯林斯不仅得出了支持上述九个命题的结论,命题十也随之得出:从长远来看,具有激进特性的现象只能存在于生活方式和作为整体的科学相重叠最少的一系列建制中。否则,不是这种现象必须发生变化,就是科学必须发生变化。①

从以上对三个案例以及十个命题的讨论中,柯林斯认识到一场争论的结束或共识的达成仅靠科学本身是不可能完成的,必定有其外在的机制。柯林斯通过引入"赫塞网"(Hesse-net)概念来描述科学家所处的科学以及社会网络。在一场科学争论中,正反双方的论点和态度都受到他们所在网络的影响,他们不一定都是某个科学共同体内部的成员,只是由于对争论结果的密切兴趣使他们走到了一起,柯林斯将这个群体称为"核心层"(Core-set),并认为争论的实质在于核心层内部的磋商。实验者的回归随着核心层的磋商而宣告结束,一种双方都认为"适当的科学知识"由此产生。然而,一旦争论结束,所得的知识就被看成是严格按科学程序进行的结果,核心层的"磋商"和其他社会影响则被清洗掉,知识也就像拉图尔所说的那样变成了一个黑箱。换言之,虽然核心层的争论充斥着社会偶然性因素的作用,但最终结果却是得到"确证无误的知识"。就如柯林斯指出的那样:"这种核心层为社会偶然性提供了方法论的适当性。"②不仅如此,由少数参与争论的科学家所组成的核心群对于公众来说是隐秘的,公众对于科学知识在形成过程中的

---

① Harry Collins. Changing Order[M]. Beverly Hills: SAGE Publications LTD, 1985:125.

② Harry Collins. Changing Order[M]. Beverly Hills: SAGE Publications LTD, 1985:144.

争论全然不知,但却通过各种传播途径如学校、电视、报纸、网络、科学乃至科学哲学家的著作等知晓了科学知识的确定可靠性。正如柯林斯所言:"具有讽刺意味的是,远离核心层的知识比直接产生的知识感觉更可靠,知识的确定程度被归因于知识的猛增,因为它在时间和空间上超越了核心层的边界。"①这与美国社会学家斯蒂芬·科尔在其《科学的制造:在自然界与社会之间》将科学知识区分为核心知识和外围知识(或前沿知识)的观点有些相似。② 由此形成了柯林斯的最后一个命题:"命题十一——'距离产生美':在社会时空中,离知识创造地点越远,知识就越可靠。"③

通过以上关于柯林斯科学争论研究的长篇累牍的分析,可以看出,真正的科学实践往往比想象中的要复杂得多,社会因素会以不同的方式渗透到科学生产的过程之中,以至于对作为知识的科学产生影响。由此,可以认为科学知识是一种社会建构的产物。事实上,对于科学的检验来说,也是一个极其复杂的问题,面对反常,科学家甚至可以置之不理,或是提出辅助性的假说,就如同拉卡托斯所言,科学家有时是厚脸皮的。从另一方面看,柯林斯把所有的科学争论完全归结为核心层的磋商也是不合理的,事实上,对于引力波案例中的主角韦伯而言,他对引力波的探测在开始时还是独立做出的,一直到柯林斯2004年出版《引力的阴影》时,韦伯依然还在坚持自己的创见。如果有朝一日,引力波真的被检测到,并得到学界的认可,虽然这种认可可能渗透着社会因素,但就韦伯个人的工作而言,还是比较客观的。实际上,柯林斯的研究属于经验相对主义纲领的范围,柯林斯本人都承认自己是一个方法论上的相对主义者,正如他在1982年发表《特殊的相对主义:自然的态度》一文中所指出的那样:"科学家的研究应该把自然界看作是真实的;而社会学家的研究应该把社会世界看成是真实的。这也就是方法论的相对主义"。

当然柯林斯只是研究科学争论的代表之一,如果将目前关于科学

---

① Harry Collins. Changing Order [M]. Beverly Hills: SAGE Publications LTD, 1985:144.

② 斯蒂芬·科尔. 科学的制造:在自然界与社会之间[M]. 林建成,王毅,译. 上海:上海人民出版社,2001.

③ Harry Collins. Changing Order [M]. Beverly Hills: SAGE Publications LTD, 1985:145.

争论研究的主要研究者的工作做一个归类,如表 1-1 所示。

表 1-1 关于科学争论研究的主要信息表

研究者	案例选择	研究方法	研究视角
巴恩斯、麦肯奇	历史上的科学争论	历史分析方法	宏观
夏平、谢弗	历史上的科学争论	历史分析方法	微观
皮克林	当代科学争论	历史分析方法	微观
柯林斯	当代科学争论	参与观察与访谈	微观

由表 1-1 可以看出,以上学者在案例的选取、研究方法以及研究视角等方面均不尽相同,正是这种不同,展示了科学争论研究的丰富性。同时,随着对当代科学争论进行的微观研究视角的拓展,尤其是柯林斯的参与观察与访谈方法的运用,它们与实验室研究的关系也将更加紧密。事实上,在开展科学争论研究的同时,相关的实验室研究也已经独立展开。

2.科学文本与话语分析研究

科学文本与话语分析研究是 SSK 微观研究视角的又一个独特的研究场点。与科学争论研究不同的是,科学文本与话语分析更侧重于对科学家的文本资料与话语交流过程的分析,其研究更多地结合了符号学、修辞学、解释学以及文学批评的理论与方法。以马尔凯为代表的约克学派是这一研究场点的主要探索者,其主要工作在《打开潘多拉之箱》(1984)、《语词与世界》(1985)以及《科学社会学理论与方法》(1991)等著作中体现出来。实际上,"话语""文本""叙事"等概念源自文学批评,但在后现代"文化研究"、哲学和社会科学领域也被频繁使用。它们的含义并不十分明确,且相互交叠,很难准确界定,经常互换使用。"话语"的蕴含义似乎比"文本"或"叙事"更广阔些,在约克学派的语境中,"话语"包括了成员以任何可交流的形式对其行动和信念所做的说明或解释。

了解约克学派关于文本与话语分析的研究,可以马尔凯和吉尔伯特的《打开潘多拉之箱》为例加以说明。在 20 世纪 80 年代初,二位作者利用三年的时间追踪访问了对氧化磷酸化作用进行研究的 34 位英美生物化学家,并收集该领域大量的研究文献与非正式资料、相关私人信函等。在对材料进行分析时,他们以"打开潘多拉之箱"作为隐喻,希望提醒分析家关注科学话语的多样性与可变性。在伍尔加看来:"马尔凯和其他人所论证的中心问题是,由于科学家自己生产的关于其行动和信念说明具有多样性和表面的不一致性,在给出科学行动的确定说明时就存在着严重困难。"事实上,在吉尔伯特和马尔凯的研究中,被采访科学家对氧化磷酸化作用及其相关发展过程与主要成果的说法出入很大。实在无奈之下,他们只好结合自己的理解草写了一段"民间史"或"该领域可能的历史"。事实上,即使是科学文本和话语分析取得了许多成果,这也不足以了解科学家的日常实践。在拉图尔看来:"如果我们想在科学家和工程师工作的时候跟随他们,所有这些研究(主要指文本与话语分析),无论它们多么有趣和必要,都是远远不够的。不管怎么说,科学家和工程师们不是一天 24 小时都在制订计划草案、阅读和写作论文。他们总是争辩说,在技术文本的背后存在着某种比他们写下来的任何东西都更重要的东西。"①

事实上,关于科学文本与话语分析的研究在 SSK 其他研究纲领中也可以见到。如柯林斯在进行科学争论研究时也会涉及对科学文本与话语分析的研究,柯林斯将这些文本主要分为两类:"一类是科学家之间的对话、信函和对科学家的访谈记录,他称之为'权宜性论坛'(contingent form);另一类是科学家正式出版的论文,属于'构成性论坛'(constitutive form)。"②与柯林斯对科学争论研究采取的参与观察与访谈相一致,他更注重权宜性论坛,因为在这里才能够找到形成科学论文之前的原始风貌。虽然林奇的工作是基于常人方法论展开的实验室研究,但他还是使用了"文件方法"进行研究,即从现象学的角度对实验室中科学家的实践过程做出描述。但林奇此时所说的"文件"并不主要指书面的或正式发表的资料,而是泛指在实验室的所见所闻,一切留在他文件夹、笔记本以及磁带上的内容,等等。此外,拉图尔在实验室的研究中也使用到了"文学铭写"这一概念,同时诺尔一塞蒂纳的实验室研究还特地关注了实验室科学论文建构过程中的修辞学问题,实际上,这些都属于科学文本与话语分析的研究内容。

如果将三个研究场点加以比较分析,你将会发现,它们实际是无法分开的。换言之,每一个研究场点都有它的优势与不足。就科学争论

① Bruno Latour. Science in Action: How to Follow Scientists and Engineers Through Society[M]. Milton Keynes: Open University Press, 1987: 63.

② 赵万里. 科学的社会建构:科学知识社会学的理论与实践[M]. 天津:天津人民出版社,2001:249。

研究而言,它主要关注科学共同体的内部,也即所谓的"核心层",但对科学共识形成过程中的外部因素却很难考察;实验室研究一般不适合考察共识的形成过程,且对外部环境的考察也比较乏力,唯一的好处是它可以将科学知识的生产环节放到一个有限的空间来进行,便于对科学事实、科学论文等的形成过程做微观的分析;科学文本与话语分析虽然可以对现场资料做梳理分析,但相对比较孤立,它的作用的发挥还需要其他研究场点的协助。实际上,由于科学实践是一个有机整体,对上述任何一个场点的考察都将不可避免地牵涉到其他场点,因此,研究者的视角往往会发生相互交叠。从这个意义上讲,科学争论研究以及文本与话语分析研究为实验室研究的开展提供了一些基础信息,反过来说,实验室研究也为科学争论以及文本与话语分析提供来自科学实践现场的材料。而实验室研究到底给出了一些什么样的材料,得出了一些什么样的结论,这将是下一章解决的重点问题。

三、从异域到本土:场点转移中的人类学

如果将实验室研究当作是 SSK 为了印证自己的哲学主张而做的自然主义的经验研究的话,它可以被看作是 SSK 的一个微观研究学派;如果将实验室研究作为人类学发展过程中的一个特有的阶段的话,它则属于人类学的范畴,准确地说是属于科技人类学的范畴。实际上,科技人类学作为一个学科,它的历史并不久远,从 20 世纪 70 年代中叶算起,距今也就四十多年的历史。

(一)人类学研究的本土回归

科技人类学是人类学发展到当代的产物,作为人类学的一个年轻的分支,它的发展与人类学研究的本土回归密切相关。事实上,人类学起源于地理大发现时期,发展至今已趋于成熟,它不仅有完备的学科体系、普适性的研究方法、开放性的思维方式,还具有富含人文精神的学科底蕴。到了 19 世纪 40 年代,人类学已成为了一门独立的学科。

人类学(anthropology)一词是 1501 年德国学者洪德(M. Hundlt)最早使用的,指人体解剖和人的生理研究。[①] 从词源上考证,"anthro-

_____

① 徐杰舜. 人类学教程[M].上海:上海文艺出版社,2005:2.

pology"一词,源自古希腊文 anthropos(人或与人的关系)和 logys(学问或研究)。前者是词根,后者是词尾,二者结合起来,意思是"与人有关的研究"或研究人的学问。由此,人类学一般被定义为人的科学(the science of man)。庄孔韶先生认为:"人类学就是全面研究人及其文化的学科。"① 徐杰舜先生则指出:"人类学是一门研究人与人的行为方式的科学。此定义包含两层含义:一是研究人的起源及体质特征;二是研究人的行为方式,即人们通常说的文化。"②

广义的人类学主要由四个部分构成:第一是体质人类学,主要是从生物学的角度来研究人的体质变化,包括从过去到现在人体的一切发展和变化;第二是文化人类学,主要从文化的角度研究人类的科学;第三是考古学,主要是指利用实物资料来研究人类文化;第四是语言学,主要研究人类语言及其发展的规律。③ 需要说明的是,由于民族学是研究近现代人类(族群)及其文化的科学,而文化人类学以及社会人类学均将民族学作为其主要研究内容,所以在一般情况下将"民族学"与"文化人类学"或"社会人类学"相等同。虽然人类学的研究范围广泛,但习惯上我们所说的"人类学"(或"人类学家")都是指文化/社会人类学,"考古学"和"语言学"则不用这样的称呼。④ 由此可见,我们经常说的人类学实际上是文化人类学/社会人类学的简称。

事实上,原初的人类学研究是想了解异域初民社会的生活状况和社区文化,但随着社会的发展,人类学的研究逐渐与一个国家的政治愿望联系起来,有时甚至直接与世界的政治经济格局密切相关。部分西方人类学家的研究活动是围绕着西方资本主义的殖民运动而展开,人类学家研究的目的就是充分了解异域文化的方方面面,诸如被调查地区的人群的生活方式和社会习俗,包括信仰、宗教、婚姻关系、礼仪习俗、居住交往和在社区中各人的社会地位、社会角色以及完整的社会结构,等等。应该说,在西方殖民背景下的人类学研究有其特定的目的,那就是,希望通过人类学的研究,了解殖民地区的国家和社区文化,从而实现其对殖民地的有力统治。例如,美国在二战期间对日本所做的

① 庄孔韶. 人类学通论[M]. 太原:山西教育出版社,2002:1.
② 徐杰舜. 人类学教程[M]. 上海:上海文艺出版社,2005:3.
③ 徐杰舜. 人类学教程[M]. 上海:上海文艺出版社,2005:4—5.
④ 庄孔韶. 人类学通论[M]. 太原:山西教育出版社,2002:8—10.

人类学研究就具有很强的殖民目的,其中比较具有代表性的是鲁思·本尼迪克特(Ruth Benedict)的人类学研究,他不仅对二战期间日本人的价值观念做了研究,还评价了天皇在日本社会中的作用,其主要结论均通过《菊与刀——日本文化的类型》这本民族志作品体现出来。① 然而,二战结束不久,随着殖民地的纷纷独立以及国际交往的便捷和加快,原来处于孤立状态的初民社会逐渐消失,人类学家传统的研究场点也随之减少,他们不得不开辟新的研究领地。

现代社会的人类学研究面临着前所未有的危机,传统研究场点的消逝使人类学家不得不将他们研究的目光从异域转向内地,从国外转向国内,从初民社会转向当代文化。于是,人类学家纷纷打道回府,开始在自己的国家,在自己的地盘,寻找人类学研究新的增长点。美国人类学家海斯分析了人类学研究本土回归的主要原因,并指出了人类学研究的新动向,如他所言:"近些年来,政治的和财政的限制,造成了很大数量的人类学家在他们自己的社会中进行田野调查。这些在自己本土进行田野工作的人类学家到工厂、医院、技术组织等地方进行研究的时候,和在异域进行工作一样,也是要学习他们选择的人群的约定俗成的地方文化,学习这些人日常生活的格调,学习隐蔽在界限之间的和没有表达出来的多种意义。"换言之,人类学家的研究场点从传统意义上的初民社会转向了我们所处的当代文化。而作为当代文化的显著代表,科学文化具有当仁不让的领导地位,研究先进地区的文化,研究科技时代的社会,甚至直接研究科技实践场所及其相关人群的文化不失为一个好的选择。因此,随着人类学研究的本土回归,越来越多的人将关注的重点转向了科学文化,他们从不同的角度发起了对科学的研究,科技人类学的研究热潮由此兴起。

(二)科技人类学概念释义

客观说来,科技人类学作为一个概念出现于 20 世纪 80 年代之后,截至目前还没有一个权威的定义,现将国内学者就这一概念的探讨做一梳理,必将有助于我们对它进行理解。简略说来,与科技人类学相关的概念还有两个,一个是科学人类学,一个是科学技术人类学。从字面

---

① 鲁思·本尼迪克特. 菊与刀——日本文化的类型[M]. 吕万和,等译. 北京:商务印书馆,1990.

上看,好像这三者之间的差别不大,但在有些学者看来并非如此。田松认为,中国意义上的科学人类学和科技人类学都源自中国少数民族科学史研究领域,但它们的研究理念有所不同。田松强调,科学人类学是对"科学和技术本身的反思,对科学史的反思,对中国少数民族科技史的反思。"①而万辅彬则认为,中国少数民族科技史的终极目标是得出对少数民族科技文明的总的看法,因而向人类学转向是一个自然的结果,同时"科学人类学"没有包括技术,故应将其改称为"科技人类学"。② 由此看来,科学人类学和科技人类学主要还是一个本土概念,都来源于对中国少数民族科技史的研究。

那么何为科学技术人类学呢? 在刘珺珺先生看来,科学技术人类学起源于科学社会学,是科学社会学家运用新的(人类学的)研究范式形成的人类学研究的新领域,换言之,科学技术人类学体现的是科学社会学的一种人类学转向。在她看来,这种转向至少包括两重含义:"第一个含义是把现代科学作为一种文化现象来研究⋯⋯这样就把现代科学纳入了人类学的研究范围。第二个含义是对科学的社会研究采取人类学的田野调查方法,选出某个科学家集中的场所,对科学家及其活动进行人种志(ethnography)的研究,即对所观察到的现象做详细的记载、描述和分析的方法。"③由此看来,科学技术人类学主要来自于西方,来自于对默顿科学社会学的进一步拓展与超越,认真分析刘珺珺所说的两重含义,可以发现,她这里的科学技术人类学基本包括了 SSK 的主要研究领域。就第一层含义而言,科学是一种文化。实际上,无论是SSK 早期的布鲁尔、巴恩斯还是后期的马尔凯,他们都是将科学作为一种文化来认识和研究的;就第二层含义而言,实际上所指的主要就是实验室研究。

在另一篇论文中,刘珺珺先生进一步将科学技术人类学的研究总结为三个方面:"第一,人类学家进行的,在人类学理论指导下,运用田野调查和民族志方法,以文化为关注中心,对于科学技术的研究;第二,科学知识社会学家进行的,以科学哲学家库恩的知识理论为指导,以科

---

① 田松. 科学人类学:一个正在发展的学术领域[J]. 云南社会科学,2006(3):78—82.

② 万辅彬. 从少数民族科技史到科技人类学[J]. 广西民族学院学报(哲学社会科学版),2002(3):23—26.

③ 刘珺珺. 科学社会学的"人类学转向"和科学技术人类学[J]. 自然辩证法通讯,1998(1):24—30.

学知识的社会内容为关注中心,运用田野调查和民族志方法的研究;第三,科学社会学家进行的,以默顿范式为指导,以科学技术的内部和外部社会关系为重点,运用田野调查方法的研究。"①可见,在刘珺珺看来,只要是以科学技术为研究对象,采用了田野调查和民族志方法,不管研究者是出于人类学、哲学还是社会学的目的,他们的工作均属于科学技术人类学的范围。在同一篇论文中,刘珺珺将我国目前所做的科学技术人类学研究大致分为两个方面:"一方面是对于传统科技的研究,这是指对于目前还在我国人民生活中存活着的科学技术,特别是民间技术,其中少数民族地区的民间科技可能是丰富的宝藏。……另一方面,就是对于从事现代科技活动的人群和科技机构的研究。这方面的天地是非常广阔的:实验室、科研院所、科研管理和科技的行政管理机构、高科技企业、民营科技企业以及其他有科学家和技术人员活动的地方。"②

从以上国内关于科学人类学、科技人类学以及科学技术人类学的概念的分析来看,它们都将科学技术作为自己的研究对象,有所不同的是科学人类学和科技人类学均强调对科学技术尤其是中国少数民族科技史的研究,而科学技术人类学则没有这样的限制,不管是国内的还是国外的,不管是过去的还是当代的,只要是科学技术都是其研究的对象;第二,它们都强调(尤其是科学技术人类学)采取人类学的田野调查和民族志研究方法;第三,这三个概念有不同的来源,前两个概念主要是由我国学者提出,而第三个概念则主要来自国外。既然这三个概念都包含着"人类学"这三个字,而只有"科学""科技"和"科学技术"的不同,故本文将这几个概念统称为"科技人类学",原因之一是当代科学与技术的联系十分紧密,很难截然分开;其二是根据国人的习惯,"科技"既包含了科学也包含了技术,而且行文相对简洁。由此,依据费孝通先生"各美其美,美人之美,美美与共,天下大同"③的原则,给科技人类学下一个比较宽泛的定义:科技人类学是以科学技术为研究对象,运用田野调查和民族志等研究方法,对科技活动的历史与现场实践以及与之

① 刘珺珺.科学技术人类学:科学技术与社会研究的新领域[J].南开学报(哲学社会科学版),1999(5):102—109.

② 刘珺珺.科学技术人类学:科学技术与社会研究的新领域[J].南开学报(哲学社会科学版),1999(5):102—109.

③ 转自刘珺珺.科学技术人类学:科学技术与社会研究的新领域[J].南开学报(哲学社会科学版),1999(5):102—109.

相关人群进行的直观描述与文化分析的一门学问。

（三）科技人类学的兴起

在国内外相关研究的推动下，科技人类学在 20 世纪 60 年代开始兴起。伴随着 20 世纪 70 年代 SSK 的极大发展，尤其是实验室研究的逐步展开，20 世纪 90 年代，科技人类学的强劲发展势头已开始体现出来，并逐渐演变为一门显学。1990 年美国的 4S 学会召开了"科学、技术和文化"分会。次年，美国人类学学会召开了"国家、文化和权力"分会。这两次会议均收到大量科技人类学的论文。这些论文不仅扩展了 STS（Science，Technology and Society）的研究视野，蕴含了丰富的新内容，而且足以说明，作为人类学、STS 研究"后来者"的科技人类学充满着巨大的活力和生机。除了科技人类学在国外的发展之外，中国在 2009 年也在云南昆明召开了第 16 届国际人类学与民族学世界大会，大会首次将"科技人类学"作为其主题论坛之一，来自国内外的 20 余位专家畅所欲言，"科技人类学"作为一个逐渐成熟的学科已得到国际人类学界的普遍认同。[1]

如果我们对实验室研究的主要著作稍加考察，就可以发现它们的出版时间都在 20 世纪 70 年代以后，如《实验室生活》《制造知识》《实验室科学中的技艺与人工事实》《物理与人理》等分别出版于 1979 年、1981 年、1985 年和 1988 年。这也从一个侧面反映了科技人类学在国外的发展态势。换言之，人类学的本土回归为科技人类学的兴起提供了契机，而实验室作为科技人类学的重要研究场点也随之凸显出来。

---

[1] 赵名宇.科技人类学的盛会——第 16 届国际人类学与民族学世界大会科技人类学专题论坛综述[J].自然辩证法研究，2010(1)：61—63.

最早的实验室研究出现在 20 世纪 60 年代，之后，随着 SSK 的发展和科技人类学的兴起，自 20 世纪 70 年代开始，从不同角度展开的实验室研究逐渐增多，比较系统的实验室研究作品在 70 年代末期开始出现。在此之后，虽然还陆续有少量作品发表，但它们大多是关于实验室研究的某一方面的论文或研究报告，不够系统。20 世纪 90 年代，由于实验室研究面临的诸多实际困难，一些学者开始冲出实验室，到更广阔的研究领域去寻找新的课题。本章通过对实验室研究主要代表作品的分析，认为实验室研究运用的理念与方法大致有以下三种：第一是自然主义与经验主义的研究方法；第二是人类学的田野调查与民族志方法；第三是常人方法论的话语分析与工作研究方法。这些方法相互之间并非完全独立，而是你中有我，我中有你，共同支撑了研究者对实验室实践与文化的多维度诠释。

一、实验室研究的历史与现状

实验室研究自 20 世纪 60 年代以来,已有不少作品出现,它们基于不同角度对实验室内发生的场景做了解读,其中有些作品直接反映了研究者的认识论倾向,而另一些作品则是对实验室科学实践的一种客观的描述和展示。现选择部分实验室研究作品加以介绍。

(一)实验室的概念与分类

实验室研究离不开对实验室概念的理解。一般而言,实验室就是实验得以进行的场所,是科学技术得以产出的基地。在邱慧博士看来:"所谓的实验室不仅是由各种仪器、设备和工作人员组成的物理空间,而且是实验赖以进行的先行的现实条件的集合。"[①]这就如同工业化中的工厂一样,特定的生产力在实验室中被聚合、被组织和被释放。

就实验室的分类而言,根据实验室所涉学科的不同,可将其分为物理实验室、化学实验室、生物实验室,等等。若按实验室的归属来划分,则可将其分为大学实验室、国家或国际实验室以及企业实验室,等等。如剑桥大学卡文迪什实验室、麻省理工学院林肯实验室、莱顿大学低温实验室均属于大学实验室;中国国家同步辐射实验室、英国国家物理实验室、欧洲核子研究中心则属于国家或国际实验室;IBM 研究实验室、贝尔实验室则主要属于企业实验室。作为 SSK 实验室研究的代表人物,诺尔—塞蒂纳依据实验室与外界的关联度将其分为三种类型:第一类为工作台实验室,它是一种最为常见的实验室,通常是实验人员借助既定区域内的相关仪器设备从事各种实验研究的一种实验室,它与外界的联系很少。第二类为中心实验室,它可能是某一个专业领域的信息中心,也可能是国家乃至多国之间进行协作研究的实验基地,如建在瑞士日内瓦的欧洲离子物理学实验室。在这种实验室中,来自各个国家的研究小组都配备齐全,参与各自的实验。第三类为网络实验室,此类实验室主要是一种运用电子方式传递信息的"虚拟实验室",科学家结合网络手段进行交流,并把他们的研究活动连接起来,此时的电子空

---

① 邱慧.科学知识社会学中的科学合理性问题[D].浙江:浙江大学,2004:72.

间成了参与者的工作平台。①

在诺尔-塞蒂纳看来,作为 SSK 研究对象的实验室在人们的心目中已变成了一个理论性的概念,此时的实验室不仅仅是实施实验或知识生产得以进行的物质环境的"寓所",而且也是一些机制与过程得以进行的场所,而这些机制与过程对于科学和知识的成功来说至关重要。同时,在她看来,自然物一旦成为实验室研究的对象,至少有三个特征是实验室科学无须考虑的:"第一,它无须容忍以原本自身的方式存在的客体,它可以代替所有不那么原本的或部分的存在形式。第二,它无须容忍处于原原本本的地方的自然对象,即固定在一种自然环境中的自然对象;实验室科学把对象请到'家中',即在实验室中'按照它们自身的方式'熟练地操作它们。第三,实验室科学无须容忍一种原本发生的事件;它无须容忍发生时间的自然循环,而是可以使它们频繁地发生,足以用于连续的研究。"②这足以说明实验室对自然对象的操控性是多么的强大,换言之,自然事物一旦成为实验室研究的对象,它将受到实验室环境的极大制约,并在被胁迫的情况下展示自身,此时的实验对象也将变成一个人工器物。

(二)实验室研究的发展轨迹

作为 SSK 一个独特的研究场点和科技人类学一个特定的研究领域,从 20 世纪 60 年代早期开始到现在,实验室研究并非一帆风顺,而是历经了一个缓慢起步——高速增长——快速消退的发展过程,而实验室研究作品的发表情况正好为这种变化的出现提供了佐证。

实验室的早期研究涉及生物学、化学、生物化学、神经生理学、野生生态学以及高能物理学等学科领域,研究范围牵涉到五个以上的国家。相关工作主要包括美国社会学家斯华茨、加拿大人类学家安德森以及印度科研机构等分别对加州大学劳伦斯实验室、费米实验室以及印度实验室的研究。由于这些研究均建立在科学社会学传统范式的基础上,研究者并不关注科学家的日常交流和实践,因而研究者所做的实验室记录不多,相关分析也相对欠缺,因而没有引起学界足够的重视。

---

① 卡林·诺尔-塞蒂纳. 制造知识——建构主义与科学的与境性[M]. 王善博,等译. 北京:东方出版社,2001:中译本序言.

② 卡林·诺尔-塞蒂纳. 制造知识——建构主义与科学的与境性[M]. 王善博,等译. 北京:东方出版社,2001:中译本序言.

20世纪70年代以后,实验室研究的作品逐渐增多,甚至在70年代末80年代初出现了高速增长的态势。这种局面的出现与前文所述的实验室研究的背景有关,简略说来有两个:一个是人类学研究的本土回归以及科技人类学的兴起,导致研究者将科学技术及其日常实践作为自己田野调查的场点;另一个是SSK对科学实践过程的建构性关注。当然这两个原因也可以归结为一个,那就是:科技文化在当代社会文化中的强势地位引起的普遍性关注。这一时期的实验室研究及其作品主要分为三类:第一类往往与研究者的特定认识论目的有关(如SSK的社会建构论等),研究者往往具有SSK的研究经历。以下研究大致属于这种类型:拉图尔到位于美国加利福尼亚的萨尔克实验室所做的研究,该实验室主要从事神经内分泌系统方面的研究;诺尔—塞蒂纳将研究场点选在加州大学伯克利分校的一个由政府资助的实验中心,该中心主要从事生物化学、微生物学以及植物蛋白技术的研究;劳(Law,J)和威廉斯(Williams,R)来到位于英格兰西密尔德的基尔大学实验室,该实验室主要致力于分子生物学方面的研究;曾真(Zenzen,M)和诺斯特福(Restivo,S)的研究地点则设在美国纽约的特洛伊(Troy)大学,该实验室主要从事混溶液体的胶体化学方面的研究;迈克基尼(McKegny)的实验场点选在加拿大哥伦比亚的本拿比大学,实验室主要致力于哺乳动物生殖生态学方面的研究等等。第二种类型是研究者具有一定的哲学和社会学素养,他们以社会学的常人方法论为指导,试图对实验室科学家的科学实践做常人方法论的解读。这类研究主要涉及林奇等人的工作,如林奇对加州大学艾尔文分校实验室所做的常人学研究。他主要考察了该实验室关于"轴突生长"的神经解剖研究,此外加芬克尔等人的研究也属于这种类型。第三种类型的实验室研究则纯粹是专业人类学家的人类学实践,研究者不带有任何认识论方面的目的,他们研究的目标只是为了描述和分析实验室的特有文化以及实验室之间的相互关联。这种类型的研究主要有:特拉维克的科技人类学研究,她的研究场点是三个不同地点的高能物理学实验室,即位于日本筑波的高能物理学研究所、位于美国旧金山附近的斯坦福直线加速器中心以及位于芝加哥附近的费米国家加速器实验室。此外,慑尔(Thill,G)、古德菲尔德(Goodfield,N)、古宾(Chubin,D)和库鲁利(Connolly,T)等人也有这种类型的实验室研究作品发表。

20世纪90年代之后,实验室研究作品出现急剧减少的状况,林奇将这种降温的原因归结为两个方面：第一个方面是早期的建构主义者很快地宣告了对难以驾驭的科学"内容"的胜利，即便是他们留下了一些关于这些"内容"准确地说究竟意味着什么的疑问；第二个方面是始终存在的实际的和解释性的困难阻碍了单单对实验室研究倾注过量的关注。而这种关注的减少涉及两方面原因，一是早期实验室研究观点所遭受的反身性诘难，二是单纯的对实验室的研究已经无法满足社会学家对科学知识做宏观社会学分析的需要，从而使社会学家的视野投向了更广阔的领域。① 由此，相当一部分 SSK 甚至科技人类学学者不愿意花时间在实验室研究上，除了诺尔－塞蒂纳以及林奇等一些前期实验室研究者还有相关作品发表外，只有为数不多的其他学者涉足这一领域。

（三）实验室研究代表作品述介

实验室研究经过约 50 年的发展，已取得了不小的成就，选择几部实验室研究的代表作品加以介绍，显得尤为必要。一是以点带面，可以大致了解实验室研究的全貌，二是从面到片，在对实验室研究代表作及其作者的介绍中可以管窥 SSK、科技人类学、科学哲学等相关学科的发展动向。基于以上考虑，并结合上文关于实验室研究作品的三种类型的划分，现选择四部著作加以重点介绍，它们分别是：拉图尔和伍尔加的《实验室生活：科学事实的社会建构》(1979)、诺尔－塞蒂纳的《制造知识：建构主义与科学的与境性》(1981)、林奇的《实验室科学中的技艺与人工事实》(1985)以及特拉维克的《物理与人理：对高能物理学家社区的人类学考察》(1988)。之所以选这四部作品作为实验室研究的代表作，原因在于：第一、二部作品代表了实验室研究的第一种类型，它们属于 SSK 方向的代表作，与科学哲学相关度最高；而另外两部著作则分别代表了常人方法论和科技人类学的方向。

1.《实验室生活：科学事实的社会建构》

《实验室生活：科学事实的社会建构》是 1979 年拉图尔和伍尔加合作的成果。该书在 1986 年再版时作者将该书的书名去掉了"社会"二字，从而变为《实验室生活：科学事实的建构过程》，这一微小改动体现

---

① Michael Lynch. Scientific Practice and Ordinary Action[M]. London：Cambridge University Press. 1997：104.

了作者巨大的观念差别,后文会有详述。以下分别从作者简介和内容概述两方面加以介绍。

本书作者之一布鲁诺·拉图尔,1947年出生于法国东部城市勃艮第,早年在非洲服役期间,接受了比较系统的人类学训练。20世纪70年代SSK兴起后,以拉图尔为先驱的法国"巴黎学派"开创了独特的实验室研究场点。目前拉图尔为巴黎高等矿业学院创新社会学中心教授、哈佛大学历史系客座教授、伦敦经济学院访问教授。拉图尔的代表作品有《实验室生活:科学事实的社会建构》(1979,1986,与伍尔加合作)。该书是拉图尔的第一部重要的SSK学术著作,该书的材料来自拉图尔在20世纪70年代对加利福尼亚萨克尔实验室为期两年的人类学调查。此外,拉图尔在《科学在行动:怎样在社会中跟随科学家和工程师》(1987)中尝试重新理解科学实践与社会之间的关系,揭示科学家实际上是怎样"工作的"。之后,拉图尔有一系列的著作和论文发表,它们大多围绕着SSK或哲学主题展开,诸如《法国的巴斯德杀菌法》(1988)、《我们从未现代过:对称性人类学论集》(1993)、《阿拉米斯或对技术的爱》(1996)、《潘多拉的希望:科学研究之实在性论集》(1999)等等。拉图尔的学术贡献人所共知,正如哈金所言:"他使一些人感到愉快,同时激怒了另一些人。但是无论如何,在过去的一代人里,他是关于科学的最有才华、最具原创性的作者之一。"①

该书的另外一位作者史蒂夫·伍尔加早年在剑桥大学伊曼纽斯学院分别获得文学学士、硕士以及哲学博士学位,先后在麦克吉尔大学(1979—1981)、麻省理工学院(1983—1984)、巴黎高等矿业学院(1988—1989)以及圣地亚哥加州大学(1995—1996)等高校的社会学与科技与社会研究中心任教,此外,还担任过布鲁奈尔大学人文科学系教授和该系创新、文化和技术研究中心主任以及牛津大学塞德(Said)商学院教授等职。另外,他还是牛津大学因特网研究院管理董事会的成员之一。主要著作除与拉图尔合作的《实验室生活》外,还有《科学:特别的观念》(1988)、《知识与反身性》(主编,1988)、《科学实践中的表述》(1990,与林奇共同主编)等等。作为SSK的主要成员,他参与创始了实验室研究以及话语分析研究等纲领,20世纪90年代以后主要兴趣集

① 布鲁诺·拉图尔.科学在行动——怎样在社会中跟随科学家和工程师[M].刘文旋,郑开,译.北京:东方出版社,2005:译者前言.

中于"新文学形式"和"技术研究",并且担任英国、挪威以及丹麦等多个国家的政府特别委员会顾问。

《实验室生活》是以拉图尔1975年10月至1977年8月间所做的田野调查为基础而写的,作者在书中对其田野调查的情况做了简略介绍。① 大致说来,他之所以选择到萨尔克实验室开展这项调查,与该实验室的一位高级研究人员吉耶曼的慷慨允诺有关,如给拉图尔提供办公室,允许阅读所有通讯材料、草稿甚至像助理实验员那样穿着白大褂工作。拉图尔的田野调查采取了多种方式,第一个是日常的参与观察与非正式交谈;第二个是正式访谈,访谈对象主要涉及处于同一研究领域的科学家,他们可以来自实验室之内,也可以是实验室之外的;第三是召开小型研讨会,而受邀嘉宾主要是实验室的内部成员以及来访的科学社会学家及科学哲学家等。通过这些方式,拉图尔积累了大量的第一手材料,为之后诸多论著的发表奠定了很好的基础,而《实验室生活》就是基于这次田野调查的最直接的成果。该书主要内容分为六章,第一章主要是对萨尔克实验室的日常工作做了人类学的描述,介绍了实验室的人员构成、实验室的空间布局及其周边环境,并首先明确了作者此次田野调查的目的——拯救 SSK 的反身性信条。第二章作者将自己看作是一个外来的观察者,是一个完全不了解情况的人,通过观察记录了实验室的日常科学实践过程。第三章对非释放因子的形成过程做了仔细的跟踪调查,并对其做了社会建构论的解读,从而得出科学事实是一种社会建构物的结论。第四章对科学事实建构过程中科学家之间的话语交流做了比较详细的分析。第五章主要分析了在科学事实建构过程中科学家的主要动机。在作者看来,科学家建构科学事实的动机就在于增加其可信性,通过可信性的增加可换取奖励与职务等的上升。第六章得出了全书的基本结论,也就是为什么实验室能够从无序中创建有序。通过整本书的分析,作者认为科学事实实际上是一个社会建构的产物,科学知识也不例外。

2.《制造知识:建构主义与科学的与境性》

《制造知识:建构主义与科学的与境性》(1981)是诺尔-塞蒂纳基于人类学田野调查基础之上的实验室研究作品。该书作者 1944 年出

---

① 布鲁诺·拉图尔.科学在行动——怎样在社会中跟随科学家和工程师[M].刘文旋,郑开,译.北京:东方出版社,2005:译者前言.

生于奥地利的格拉茨(Graz),1971 年获维也纳大学文化人类学博士学位,1972 年博士后出站于维也纳高级研究院。1972—1973 年任维也纳高级研究院助理教授,1976—1977 年任加州大学伯克利分校福特研究员,1979—1982 年任宾夕法尼亚大学社会学系研究员和访问科学家。1983 年至今,主要任职于德国比勒菲尔德大学科学与技术研究中心,期间,1992—1993 年兼任普林斯顿高等研究院研究员,1986—1990 年任国际社会学协会科学社会学研究委员会副主席,1996—1997 年任美国社会学协会科学、知识与技术分会主席,1995—1997 年任 Society for Social Studies of Science(4s)主席。诺尔-塞蒂纳是 SSK 领域贴了标签的社会建构论者,她的主要作品除了《制造知识》外,还有《认知文化:科学如何生产知识》(1999)等著作。她曾主编七部文集,其与阿隆·西克莱尔(A.V.Cicourel)主编的《社会理论与方法论进展》(1981)、与马尔凯主编的《观察到的科学》(1983)以及与西奥多·夏兹金(Theodore R.Schatzki)、冯·萨维尼共同主编的《当代理论的实践转向》等在 SSK以及科学实践哲学等领域均产生了重要影响。

《制造知识》同样是一本实验室研究作品。在书中,作者对自己的田野调查工作做了概述。① 大致说来,诺尔-塞蒂纳的田野调查工作历时一年,从 1976 年 10 月开始,1977 年 10 月结束。田野调查地点选在了加利福尼亚大学一个政府资助的研究中心。该中心研究人员众多,专职科学家和工程师就有 330 多位,研究领域广泛,主要涉及物理、化学、微生物学等诸多学科领域的基础与应用研究。诺尔-塞蒂纳以植物蛋白研究为关注对象,分别考察了与这一研究领域相关的四个实验室,研究方式除了和拉图尔一样采取日常观察、正式访谈和非正式访谈并做大量的观察笔记外,还收集了实验室的备忘录、论文手稿,并做了大量的磁带录音,这些均为她之后若干年的研究奠定了资料基础。

诺尔-塞蒂纳在《制造知识》一书中认为,科学知识的生产过程是建构性的,而非描述性的,是由决定和商谈构成的链条。在她看来,科学知识的建构主要包括实验中知识的建构和科学论文的建构。基于以上观念,作者将《制造知识》分为七章。第一章主要对全书的内容做了导论式的交代,并对解构主义提出了三种解释的策略,即自然与实验

---

① Karin Knorr Cetina. The Manufacture of Knowledge[M].New York:Pergamon Press, 1981:24—25.

室、事实建构的决定渗透以及创新与选择三个方面。在接下来的第二章至第六章中,作者将自己虚拟为索引推理者、类比推理者、社会境况推理者、文学推理者、符号推理者等不同的身份,分别结合实验室的与境、实验室科学家的类比推理思维、实验室科学家所处的社会环境(她称之为超科学场域)对科学事实尤其是科学论文的建构做了详细的分析和说明。在该书的结论中,作者再次重申了自己关于科学知识的社会建构论观点,并在附录部分展示了两篇论文;其中一篇是处于修改过程中的论文,上面还附带有资深合作者的修改建议;而另一篇则是最终发表的科学论文。

3.《实验室科学中的技艺与人工事实》

《实验室科学中的技艺与人工事实》(1985)是迈克尔·林奇(Michael Lynch)出版的实验室研究著作。林奇出生于1948年,加利福尼亚大学社会学教授,加芬克尔的学生之一,第四代常人方法论的代表人物。在20世纪70年代,他与加芬克尔等人一起开创了常人方法论的"工作研究"纲领,这一纲领逐渐演变为常人方法论的重要研究纲领。他们基于科学所做的常人方法论研究内容丰富,尤其是其中的实验室研究由于与SSK的实验室研究不期而遇,故产生了很大的影响。作者的主要学术著作除了《实验室科学中的技艺与人工事实》之外还有1993年出版的《科学实践与日常活动》等,此外,林奇还与伍尔加合作主编了《科学实践中的表述》(1990)等文集。他的这些作品在SSK、科学社会学以及常人方法论研究领域均产生了广泛影响。

《实验室科学中的技艺与人工事实》立足于林奇1975年的田野工作,在书中,作者对这次实验室研究做了简略的介绍。[1] 大致说来,此次实验室研究工作的顺利开展得益于加州大学艾尔文分校社会科学学院一位教授的帮助,研究场点选在该校的一个生物学实验室,整个田野调查历时两年。在开始的六个月,林奇每周频繁访问该实验室,之后的一年半访问频率有所减少。林奇的实验室研究主要与该实验室对"轴突生长"(一种神经再生现象)的神经解剖研究相关。在研究中,林奇除了做田野笔记和磁带记录外,还亲自参与该项目的具体研究工作,并负责

---

① Michael Lynch. Art and Artifact in Laboratory Science: A Study of Shop Work and Shop Talk in a Research Laboratory[M]. London: Routledge & Kegan Paul, 1985: 10—12.

准备用于显微镜照相的脑组织。本次调查成为他博士论文写作的基础，也是他日后发表作品的主要材料来源。书中，林奇除了在序言部分将本次人类学考察的基本条件做了说明之外，还将整个正文的内容分为了前后相关的两个部分。第一部分以实验室现场工作的人种志说明为题，主要分三个方面介绍了实验室的基本陈设、实验室的研究计划及其日常活动以及实验室人工事实的考古学等。第二部分以实验室现场谈话中的共识为题，从三个方面做了进一步的分析：第一是实验室中的现场交谈，第二是实验室如何达成共识的两种观点（或途径），第三是对象及其异议：实验室现场交谈中关于对象说明的变更。通过以上内容，林奇呈现了一个常人学意义上的实验室实践的真实场景。

4.《物理与人理：对高能物理学家社区的人类学考察》

《物理与人理》(1988)是特拉维克的实验室研究作品。特拉维克是美国女性人类学家，本科就读于加利福尼亚大学伯克利分校，研究生阶段先后就读于旧金山州立大学历史系和加利福尼亚圣克鲁斯分校意识历史专业，并于 1982 年获得圣克鲁斯分校博士学位。从 1980 年开始，特拉维克就开始在斯坦福大学的"价值、技术、科学和社会课题"任教，1981 年，她参加了麻省理工学院"人类学与考古学"以及"科学技术与社会"两个课题，1987 年开始任教于赖斯大学人类学系。目前是加利福尼亚大学洛杉矶分校历史系教授，兼任科学、技术和医学文化研究中心，日本研究中心，妇女研究中心兼职研究员。特拉维克自 20 世纪 70 年代中期以来一直致力于国际高能物理学家社区的人类学考察，本书为她的处女作，也是她最重要的代表作之一。

《物理与人理》主要基于特拉维克的人类学考察，该田野调查开始于 20 世纪 70 年代中期，历时 5 年，其场点选在三个不同国家的高能物理学实验室，即日本筑波的高能物理学研究所（Ko-Enerugie butsurigaku Kenkyusho，简称 KEK）、美国旧金山附近的斯坦福直线加速器中心（Standford Linear Accelerator Center，简称 SLAC）以及芝加哥的费米国家加速器实验室（Fermi National Accelerator Laboratory，简称 Fermilab）。此外，作者还参观了日内瓦的欧洲核子研究中心（简称 CERN）和德国汉堡的德意志电子同步加速器研究中心（简称 DESY），并且还访问了几所大学的物理系。在书中，作者以人类学的视角，考察了高能物理学共同体：共同体的组织结构，共同体成员科学生涯的不同阶段，成员共享的物理学理论以及物理学家为了进行工作所建造的环境和仪器设备等等,对国际高能物理学家社区的文化做了比较清晰的分析。鉴于目前关于该书的二手研究相对较少,故在此对其做相对详细的介绍。

《物理与人理》主要分为序幕、第一到第五章以及尾声七个部分。在第一章,作者对实验室的核心区做了描述。主要介绍了美国的 SLAC 和日本的 KEK 的外部环境和内部设备的摆放,同时对实验室内部的人员构成、实验室成员的日常生活、实验室与周围社区的关系做了生动具体的说明。SLAC 与 KEK 不同的是:SLAC 是通过注射枪发射电子,电子被注入铜管直线加速器实现加速,所以 SLAC 主要是电子直线加速器;KEK 则是质子加速器,需要加速的质子往往是先在一台小型的、能量较低的加速器里预先加速,然而再"注入"半径较大的同步加速器里,实现旋转加速,所以它是质子回旋加速器。实际上,不管是哪种加速器,它们都有一个基本的目标就是通过被加速的高速粒子去轰击靶盘,通过探测撞击之后新生粒子的特征来捕获微观世界的一些奥秘。

在第二章作者就实验室的主角 SLAC 和 KEK 的探测器做了详细的介绍。当被加速的粒子轰击靶盘时可能会衍生出一些新的粒子,而靶盘周围分布着大量的仪器装置,用来记录新粒子的轨迹。靶、记录装置和分析记录的计算系统,构成了高能物理学界常说的探测器。这些粒子到底是什么?它们具有什么样的特征?这些问题往往需要通过对探测器的分析来回答。而一台探测器的好坏往往需要通过发现粒子存在的灵敏度、搜集数据的速度、辨别噪声的能力以及数据分析效率四个方面来评价。[①] 物理学家塑造了这些探测器,用来记录亚原子水平上的"自然"事件那些非常难以把握的踪迹;如果没有这些仪器,这些事件是完全不可能观测到的。故此,研制出一台先进的探测器往往是各个实验室努力工作的动力。此外,作者还介绍了四种类型的探测器:处于 SLAC 的 ESA 谱仪探测器、大孔径螺线管谱仪(LASS)、斯坦福正负电子不对称环(SPEAR)以及位于日本的 KEK 探测器。通过对这些探测器不同特点的比较,特拉维克发现,美国的探测器往往由实验室自己负责研发、制造和使用,更新速度一般比较快;日本的探测器则是实验室提出技术规格和总体设计,而相关部件的生产与组装则需要其他的生

---

① Sharon Traweek. Beamtimes and Lifetimes:The World of High Energy Physicists [M].Cambridge:Harvard University Press,1988:50.

产厂商来完成,更新速度比较慢。而这些都体现了两个实验室、两个国家在文化与管理体制上的巨大差异。

从第三章开始,作者介绍了高能物理学家社区的文化,主要谈及物理学生涯的男性传奇。本部分生动地阐述了物理学家得以造就的主要学术生涯。在本科阶段,学生就开始接受系统的物理学训练,而著名物理学家的成功经历则出现在教科书的边缘地带。在特拉维克看来,这些物理学家的形象隐含着诸多信息,那就是:"科学是个别伟大人物造就的产物;这种产物是独立于全部社会环境和政治环境的;一切知识都依赖于或源自物理学,仅有少数物理学家被邀请进粒子物理学界;另外,粒子物理学的界限是严格划定的。"①研究生以及之后的博士后研究助理、小组成员、小组领导人、实验室主任和科学政治家,他们都将充分地学习科学生涯各个阶段的不同品质,并明白每个阶段成功与失败的标志。在各阶段表现优秀的成员将获得晋升并享有继续留在粒子物理学界的机会,而其他人则面临着新的选择。在层层的筛选中,女性被逐渐边缘化。但令美国和日本物理学家担忧的是,20世纪70年代以后,高能物理学的研究面临着新的危机。就美国而言,学生素质下滑与资金减少可能是其主要原因。一方面,由于博士学位的膨胀,导致一些平庸之辈也进入了高能物理学界,他们的目的只是追求魅力和刺激,一旦有时髦的研究领域如生物学出现时,很多人就选择了转学;另一方面,由于国家在粒子物理学领域投入的减少(实际上只是增长率下降),导致各实验室新组建的研究小组很少,阻碍了一些天赋很高的青年物理学家的正常晋升,由此高能物理学的未来发展堪忧。日本高能物理学发展的危机多半被解释为高能物理学走向成熟的自然原因所致。与美国将经费拨给各实验室不同的是,日本的经费是直接拨给各大学的教席(koza)。由于日本的教席仿效的是英、德、法等欧洲国家的模式,按惯例,一个koza由一名教授、一名副教授、一名助理研究员和两名助理组成。高一级职位如有空缺,低一级职务可以自动晋升到高一级职务。在20世纪50和60年代,日本的高能物理学研究方兴未艾,新教席的设立相对较多,在60和70年代,教席中初级的研究人员晋升迅速,当上了副教授和教授。到80年代,这个领域已经成熟,增长速度放缓,但

---

① Sharon Traweek. Beamtimes and Lifetimes: The World of High Energy Physicists [M].Cambridge:Harvard University Press,1988:78.

是有些大学的系还希望能按 50、60 年代的速度继续增设教席。由于教席增多,而国家投入经费减少,导致教席之间的竞争非常激烈,一些教席的领导为了获得资金不得不与文部省的领导搞好关系,同时为了使 koza 的资源得以增益,还得从事大量的日常管理工作,这些都将浪费宝贵的科研时间,因此大部分的科研工作由副教授甚至助理研究员来完成。同时,由于 60、70 年代副教授和教授上升过于迅速,导致一些 koza 的助理研究员长期无法晋升,而日本公立大学的退休年龄一般是 55 岁,当到年龄的教授、副教授大规模退休时,很多其他人员还处在助理研究员的职位上,这些都使日本的高能物理学面临代际裂隙(generational rift)的严峻考验。

第四章刻画了物理学家彼此相处方式的某些稳定的特征。这个共同体具有相对固定和高度清晰的科层结构:各个国家、各个实验室、各个大学、各个研究专业,显然有着微不足道的不一致,但几十年来少有变化,井然有序,稳定如故。在作者看来,各个实验室的国际排名对于粒子物理共同体的成员而言都是心知肚明的:如斯坦福的 SLAC、芝加哥附近的费米实验室、欧洲核子研究中心(CERN)以及德意志电子同步加速器研究中心(DESY)均属第一等级的研究机构;其次是布鲁克黑文实验室、杜布纳和谢尔普霍夫;其他的则名列其后。这种稳定的排名将推动网络内部以及网络之间的相互交流。理论物理学家与实验物理学家之间在思维习惯、事业模式等方面存在着很大的差别,他们相互独立,各自承担不同的责任。此外,研究小组之间往往保持着严格的界限,男性和女性往往有着截然不同的劳动分工,而作为科学家之间的口头交谈和书面表述则有着不同的意味。口头交谈的内容往往是当前最先进的知识,而以书面形式写下来的东西很大程度上是确定的、没有争议的乏味的知识。横跨这些区别的是国际的、交叉重叠的国际学术交流网络,它将整个共同体连接在一起。物理学家经常处于流动之中,他们在不同的国家、不同的实验室、不同的系之间游走,经常讨论并形成同盟与合作。更为重要的是,他们经常以关于世界、关于知识、关于自己的思考方式联系在一起。在特拉维克看来,物理学家眼里的科学家不是造就的,而是天生的。自然界也是这样,在随机性和不稳定性的表象下蕴含着规律性和永恒的数学定律。正如崭露头角的科学家一样,自然等待着人们去发现;它并不是去获得秩序,而是本身就有秩序;科学家不是获得了理性,理性就是他们本身的规定性。[①]

第五章的讨论主要突出一点,那就是各个实验室为了使自己保持世界领先地位而采取的不同策略。为了达到这一目标,各实验室的成员都在努力使他们自己、他们的思想、他们的装备时时处于"尖端""知识前沿""最新水平"。要做到这一点,他们必须优先使用加速器,优先配备最好的新手,优先获得资助。为了获得更多资源,他们相互磋商,形成派系,参与和解决争端。在争取更多的束流时间以及其他实验室资源方面,SLAC 和 KEK 对于处理内部小组与用户之间的关系采取了不同的策略。SLAC 的内部小组(常驻实验小组)和用户小组(大学的物理系或其他研究结构)之间经常发生争议:SLAC 内部小组声称,是他们设计、建造、操作、修理和改装了探测器,他们更有资格知道这些探测器可以完成哪一种物理研究,也更有资格去做这种研究。他们知道这样不"公平",但又说"靠道德和多数不会产生优秀的科学"。[②] 而用户则坚持要求采取更加民主的方式,包括让更多的方面参与决策过程。他们声称,候选人越多意味着竞争更激烈,竞争越激烈意味着更好的产品,这个产品指的就是更好的物理研究。最后虽然是达成了基本合作协议,但作为一个整体的内部小组与外部用户的争斗并没有结束,故这种协议的执行往往并不顺利。而日本 KEK 的内部小组往往与用户存在着千丝万缕的联系,导致 KEK 内部的关系极其复杂。例如 KEK 束流通道小组与京都大学有很强的联系,气泡室小组同东北大学,理论和计算器小组与东京大学也都关系密切。因为束流通道小组做研究的机会较少,京都大学在 KEK 的影响也就较小,在当时,计算器物理学比气泡室物理学的地位高,所以东京大学在 KEK 的霸主地位显得非常稳固。这些小组之间的争斗使得整个 KEK 的决策困难重重,导致最终的合作协议不得不通过大量的磋商达成。此时协议用户的利益相对考虑得多一些,协议一旦达成,执行起来相对 SLAC 而言会顺畅很多。

如何构建一个高能物理学的最佳组织环境,实现高能物理学的持续健康发展? KEK 与 SLAC 的不同回答反映了日美两国粒子物理共

---

① Sharon Traweek. Beamtimes and Lifetimes：The World of High Energy Physicists [M].Cambridge：Harvard University Press,1988：124.

② Sharon Traweek. Beamtimes and Lifetimes：The World of High Energy Physicists [M].Cambridge：Harvard University Press,1988：127－128.

同体之间的巨大差异。① 在物理学家看来,这种差异是由他们在国际粒子物理学界的排名造成的。但特拉维克认为这种差异是由于美日物理学家的文化背景不同所造成,并从教育理念、小组与实验室组织、领导风格、传统以及历史观五个方面做了比较说明。第一,就日本如何成为粒子物理学第一流的国家而言,日本人的观点是必须把重点放在对下一代的培训上,这就把未来的重大责任交给了年轻的物理学家,同时也把重大义务赋予了他们的老师,这种互相的责任和义务与代际纽带(amae)的原则相一致,而代际纽带是日本文化的核心价值观。美国人则认为,最有利于未来物理学发展的是每个物理学家都尽可能地做出最好的研究;对个人有利的对共同体也有利。这恰与美国信奉的个人主义相一致。第二,就小组与实验室组织而言,日本的研究小组认为他们比美国小组更加民主、平等。小组往往靠多数人达成一致做决定,虽然有时候他们也觉得这个过程冗长乏味。这恰恰与日本"和"(wa)的精神相吻合,如果组员认为这个商讨过程得到了尊重,那他们就有责任遵从这个决定。而美国小组的结构是等级性的,每个小组决定都由领导人做出,然后通知小组如何去执行。第三,就领导风格而言,日本小组的文化模式是"家"(ie)模式。一般而言,"家"指的是整个家庭,包括一个家庭在其所在的家庭网络中的权利和义务。"家"中成员的地位取决于年龄,而不是竞争。而在美国,研究小组的主要"文化"模式不是大家庭模式,而像是运动队,小组的领导好比一支足球队的教练,而每个球员都有自己的专业特殊技能。教练是唯一懂得整个游戏程序的队员,也是唯一被授予制定球队战略战术权力的人。第四,就传统而言,日美之间的差异在于两国实验物理学家使用各种探测器做实验的经验不同。日本的研究小组往往只使用某一类型的探测器,这与文部省拨款模式和 koza 体制相关。日本追求相对单一的学缘结构,反对拼凑掺和。而美国则强调多元的学缘结构,尽量在不同的研究领域做研究,以积累不同的经验。日本的网络相对稳固,新职位的任职者一定在小组和网络中产生;而美国人则坚持小组间人员流动,尤其是在一个人事业生涯的早期。第五,就历史观而言,美日资深物理学家将其掌握的资源(包括他们的职位、关系网、设备、资助、束流时间、计算机时间等)传给

---

① Sharon Traweek. Beamtimes and Lifetimes: The World of High Energy Physicists [M].Cambridge:Harvard University Press,1988:145—152.

年轻物理学家的机会有差异。对日本人来说，这些资源都由 koza 的领导赠与他的继任者，但在美国，这些资源必须进行重新分配和组成，不仅代代如此，甚至可能还要频繁些。此外，美日粒子物理学共同体对于历史变化的意识各不相同。日本人认为自己目前是老二，并努力在改变这种状况；而美国人认为自己就是老大并经常因此沾沾自喜。当然以上所述的每个方面并不绝对，随着粒子物理学界的不断进步，一切都在发生着改变。在新的世界格局面前，美日粒子物理学家正在加强合作，以创造最为合适的研究氛围。

在尾声部分，作者对整个著作做了总结。在她看来，这部民族志作品对高能物理学共同体做了考察，还重点讨论了时间在物理学家的理论和实际经验中的差别。高能物理学家通过研究发现"时间"具有相互冲突的种类，即可磋商和累积的"束流时间"（beamtime）——加速器的束流脉冲，和他们的科学生涯、探测器、思想皆难以控制的、短暂的生命时间（lifetime）。然而他们的研究成果被认为是永恒的：不变的自然定律。之后，作者还阐述了物理学家对于自然的实在论态度，但她表示，作为一个人类学家，她不愿意对物理学家的实在论观念加以评价，最需要做的是参与到对象的常识世界中，并将自己的信念悬置起来，客观地去描述或是深描一个无文化的文化——一个高能物理学社区的文化世界。

基于以上对《物理与人理》主要内容的概述可见：首先，作者的目标就是对国际高能物理共同体的一种人类学的再现，不带有任何的哲学倾向，这与拉图尔和诺尔-塞蒂纳等人借助人类学的田野调查来言说自己的社会建构论旨趣完全不同；其次，在行文过程中，作者还将田野调查的方法结合进她的具体工作中去，使读者对这些比较抽象的人类学方法有比较清晰的了解；再次，作者平实的语言、形象的描述，不仅提升了该书的可读性，也提高了该书观点的可信性。

二、实验室研究的主要理念与方法

实验室研究的方法主要包括三种：第一种是自然主义与经验主义研究方法，实际上不仅实验室研究采取了这种方法，而且 SSK 的其他研究场点（如科学争论研究、科学文本与话语分析研究）也采用了这种研究方法，因为 SSK 有一个基本的目标，那就是将 SSK 发展为一门像自然科学一样的学科;第二种是人类学的田野调查和民族志方法,实验室研究的主要作品均采取了这些研究方法;第三种是常人方法论的工作研究与话语分析方法,应该说,实验室研究的主要作品都受到这种方法的影响,但其规范的运用主要还是体现在林奇的实验室研究作品中。

(一)自然主义与经验主义的研究方法

SSK 的学者声称,SSK 是一门自然主义的经验科学,它要像自然科学描述和解释自然现象那样,描述和解释科学知识。那么何为自然主义? 自然主义的经验研究方法如何应用于实验室研究呢? 作为哲学观念的"自然主义"(naturalism)最初被用于古代哲学,指代唯物主义、伊壁鸠鲁学说或现实主义,这一基本含义持续很久。霍尔巴赫将 18 世纪的自然主义看作这样一种哲学体系:它认为人仅仅生活在一个可被感知的现象世界即一种宇宙机器之中,它如同决定着自然那样决定着人的生活。① 简言之,这是一个不存在超验、先验和神力的世界。19 世纪早期,"浪漫主义者"对自然性、自发性的崇拜和诗人陶醉于自然的追求,给自然研究以新的强有力的推动。整个世界被设想为由动物、植物、星球和石头共同参与宇宙生命运动的一个统一的有机体。这个观念本身看起来近乎幻想,但它鼓励人们去切实地观察和分析物质现象,以探明其运动原理,从而间接地滋养了尚在襁褓中的科学。1875 年,利特莱在其《法语字典》中收录了"自然主义"的哲学含义:"自然主义是以自然为本原的理论。"因此,尽管在过去的一百年里最初等同于唯物主义的自然主义具有了或者是被添加了其他各种阐释,但它的原始含义仍在沿用,并和赋予可视世界的有形之物以最重要地位的某种艺术运动发生了紧密联系。由此可见,"自然主义者"最早是指那些全神贯注于这一世界的物质本体、它的自然表现形式和运动规律的人。保尔·阿列克斯认为,自然主义是一种思考、观察、反映、研究和进行试验的方式,一种为理解而进行分析的要求,而不是一种特定的写作风格。

进入 20 世纪之后,哲学上的自然主义大致有广义和狭义之分。广义的自然主义主要是指一种用自然原理或自然原因来解释一些现象的哲学思潮,而狭义的自然主义主要是指 20 世纪 30 年代活跃于美国的一个哲学派别。在狭义自然主义看来,自然物的产生与消亡都有其自

---

① 弗斯特,斯克爱英. 自然主义[M]. 任庆平,译. 北京:昆仑出版社,1989:4.

然原因,他们需要做的是从自然本身去说明自然;同时,自然过程的发展都依循一定的客观规律,自然过程之所以可理解,就在于它符合规律;若想深入地认识自然界,应以科学为依据,并运用科学的经验研究方法,而不得已时才需要求助于非自然的因素。SSK 及其实验室研究意义上的自然主义主要局限在狭义的范围。在巴恩斯看来:"社会学家所关注的是对那些被认为是知识的东西的自然主义理解,而不关注对什么东西值得被作为知识而进行的评价性的估断。"[1]

美国著名科学社会学家巴伯指出,英国的 SSK 学者(包括伍尔加在内)"关于科学思想与组织之实际发展的严密的、微观的和经验的研究,对于我们理解作为一种社会现象的科学是一个重要的贡献"。[2] 强纲领的 SSK 希望使自己成为科学的理论,故其选择了经验研究的方法。经验研究方法的主旨是:"一切知识或一切有关世界的有意义的论述,都与感觉经验(包括'内在感觉'或'内省')相关,而且可能的感觉经验的范围就是可能的知识的范围,不同的经验论者对知识怎样建立在感觉的基础上有不同的观点。"[3]布鲁尔试图将 SSK 建设成一门具有普遍有效性的科学,因此,他抛弃了传统哲学的思辨方法,而采取社会学的经验研究。由此,"强纲领"成了经验科学中的一员,但在这里,布鲁尔所强调的经验指的是社会的、集体的经验,而不是个体的经验。在他看来,个体的经验是有缺陷的,容易走向主观主义和唯心主义,而"强纲领"SSK 的目的是要对科学知识进行社会学分析,而如果科学知识建立在个体经验的基础上,将会使"知识社会学确实又一次变成了关于错误、信念或者意见的社会学,而它本身则不是知识"[4]。因此,只有社会的、集体的经验才能弥补个体经验的缺陷,只有社会的、集体的经验才能够解释知识,"知识的力量成分是一种社会性成分,它是真理所不可

① Barnes B. Interests and Growth of Knowledge[M]. London: Routledge and Kegan Paul, 1997:1.

② 伯纳德·巴伯. 科学与社会秩序[M]. 顾昕,郑斌祥,赵雷进,译. 北京:三联书店,1991:中文版序言.

③ 尼古拉斯·布宁,余纪元. 西方哲学英汉对照词典[M]. 王柯平,等译. 北京:人民出版社,2001:298.

④ David Bloor. Knowledge and Social Imagery[M].Chicago:University of Chicago Press,1991:14.

或缺的一种组成部分,而不仅仅是关于错误的标识"。①

布鲁尔所采用的自然主义与经验主义的研究方法的核心就是:"用科学本身的方法分析和研究科学和科学知识"。② 用自然主义与经验主义的方法来研究科学本身,会不会有损科学的形象? 在布鲁尔看来:"我们所做的一切绝不意味着批判和反对科学。用科学的方法分析科学知识,恰恰是对科学的崇尚,而不是对科学的诋毁和否定"。③ 与之相似,巴恩斯也认为:"社会学是一门自然主义的而不是规戒性或规范性取向的学科,它仅仅试图将不同文化的信念和概念作为经验现象来理解。这种自然主义的关怀与从外部评价这些信念和概念不相干,它关心的全部问题是它们为什么事实上被保持下来。"

SSK 之所以运用自然主义与经验主义的研究方法,其实质在于突破默顿制度科学社会学的框架并与传统科学哲学的规范性、超验性相决裂。在 SSK 看来,制度性的科学社会学以及规范与超验的科学哲学给予科学的不过是一种理想的"设定"或好的"安排",它们的一个共同前提是:科学=实证自然科学=客观性=真理性=理性=进步性。如此这般的设定或安排只会造成科学文化与其他文化之间的区分,造成科学知识与其他知识之间的不对称,而打破这种不对称的最好办法,就是采用自然主义而非规范主义、经验主义而非逻辑主义的方法去描述和展现真实意义上的科学,而"公正性"和"对称性"原则作为布鲁尔强纲领的一部分,其目标十分明确,就是要对科学知识提供一种恰切的、自然主义的描述。

以拉图尔为代表的巴黎学派推进了 SSK 的实践转向。在巴黎学派看来,作为一种研究策略:"我们必须做出的第一个决定:进入科学和技术的途径应当经过形成中的科学那窄小的后门,而不是经过已经形成的科学那宏伟得多的大门。"④他们在特定的社会环境中处理关于科

---

① David Bloor. Knowledge and Social Imagery[M].Chicago:University of Chicago Press,1991:16.

② 巴里·巴恩斯,等. 科学知识:一种社会学分析[M]. 邢冬梅,蔡仲,译. 南京:南京大学出版社,2003:中文版序言.

③ 巴里·巴恩斯,等. 科学知识:一种社会学分析[M]. 邢冬梅,蔡仲,译. 南京:南京大学出版社,2003:中文版序言.

④ Bruno Latour. Science in Action: How to Follow Scientists and Engineers Through Society[M]. Milton Keynes: Open University Press,1987:4.

学如何得以出笼的案例,他们更多地关注细节,他们尝试着去描述或解释可观察的(至少是可重建)事件。他们通过考察形成中的科学,试图打开科学知识的黑箱,并将真实的科学展现给世人。在找寻打开黑箱的策略方面,后 SSK 虽然选取了不尽相同的进入之途,由此衍生出不同的研究学派,但有一点是相同的,那就是他们都遵循了自然主义与经验主义的研究方法,实现了 SSK 向自然主义的回归。而作为实验室研究,这种自然主义与经验主义的研究方法则在实验室研究的相关作品中得到了淋漓尽致的体现。

拉图尔在《科学在行动》一书中对科学家和技术专家的实际行为进行了别开生面的社会学分析,其目的是试图让人们了解是经历了一个怎样的过程,一种观念从一个理论家的猜测设想转而变成了被普遍接受的事实。拉图尔从事这一探究的办法是:"不要听信哲学家们关于世界说了些什么,不要听信社会学家关于社会说了些什么,也不要听信科学家关于自然说了些什么,而要代之以观察科学家实际上是怎样工作的。需要找出他们所做的事,而不是他们所说的话。"①实验室研究在方法上的特点在于对科学家"怎样"谈论和从事科学的关注,而不是"为什么"这么做。通过对科学知识生产过程的考察,详细研究科学家的日常实践、言论和谈话,将 SSK 注重对作为知识的结果的研究转换为对科学活动过程或实践的研究。拉图尔将这种方法论的好处总结为三个方面:第一,对实验室生活进行的翔实考察,使我们获得了一种方法,可以去解决那些通常属于认识论者权限内的问题;第二,对这些微观过程进行的分析绝对不会获得关于科学活动任何特征的先验理解;第三,应该避免援引以实在或科学造就的东西的有效性来理解事实的稳定性,因为这种实在和有效性是科学活动的结果而不是原因。

这种探究方式在《实验室生活》中得以体现出来。在书中,作者为了探究进行中的科学,避免外界的干扰,决定开辟一条新的途径:"走近科学,绕过科学家们的说法去熟悉事实的产生,然后,返回自己的家,用一种不属于分析语言的元语言来分析研究者所做的事。总之,重要的是去做所有人类文化学志学者们所做的事,并把人文科学通常的义务

---

① 布鲁诺·拉图尔.科学在行动——怎样在社会中跟随科学家和工程师[M].刘文旋,郑开,译.北京:东方出版社,2005:译者前言.

论用于科学：使自己熟悉一个领域，并保持独立和距离。"①拉图尔和伍尔加通过《实验室生活》再现了科学家如何进行文献记录、建构实验室文化以及科学事实的过程。

诺尔—塞蒂纳的实验室研究几乎与拉图尔同时展开，在其1981年出版的实验室研究著作《制造知识》中，作者采用自然主义与经验主义的研究方法，先根据说明的需要将科学家贴上实践推理者、索引推理者、类比推理者、社会境况推理者、文学推理者、符号推理者等不同的标签，通过对科学家日常研究的观察和记录，诺尔—塞蒂纳跟踪分析了科学知识在实验室的制造过程，再现了一幅科学知识生产过程的真实画面。在诺尔—塞蒂纳看来：科学知识的生产过程是建构性的，而非描述性的，是由决定和商谈（negotiation）构成的链条。而这种建构性大致可分为实验室中知识的建构和科学论文的建构，实验室中知识的建构即研究的生产与再生产过程，科学事实是科学家在实验室中建构出来的，这种建构渗透着决定。②

事实上，无论是在理论上还是在实践上，SSK都要求运用自然主义与经验主义的研究方法对科学知识的生产过程加以研究，以图说明真实的科学。虽然布鲁尔等人的初衷并不是想彻底颠覆科学的自然实在论基础，但在实际的研究中，他们却将社会因素看成是科学知识得以形成的主要因素，并借助社会利益模式对科学实践加以解释和说明。从这个意义上说，SSK并没有将自然主义与经验主义的研究方法严格执行下去。相反，对于科学的解释从传统科学哲学的自然决定论立场走向了SSK的社会决定论立场。但这种社会决定论主张不仅没有对传统科学哲学的自然实在论构成挑战，反而与传统哲学一样也陷入了表征难题。

（二）人类学的田野调查与民族志方法

人类学的田野调查与民族志方法是实验室研究所运用的第二个重要的研究方法。一般而言，人类学的具体研究方法有多种，主要包括田野考察、比较研究、"主位"与"客位"、类型学等研究方法。所谓田野考

---

① 布鲁诺·拉图尔，史蒂夫·伍尔加. 实验室生活：科学事实的建构过程[M].张伯霖，刁小英，译. 北京：东方出版社，2004：17.

② 卡林·诺尔—塞蒂纳. 制造知识——建构主义与科学的与境性[M]. 王善博，等译. 北京：东方出版社，2001：译者前言.

察，又称田野工作（field work），是指人类学者深入某一社区，通过观察、访谈、勘测、居住体验等参与方式来获取第一手研究资料的方法。它是人类学最基础、最重要的研究方法。通过田野考察，人类学者获得某一族群的特殊经验，并从中提炼升华，形成民族志的报告，乃至创新一种方法，构建一种理论。比较研究方法主要是指文化比较研究或跨文化比较研究，它是人类学方法论的重心。人类学家有必要对他者文化或自身文化内部的非主流文化和反文化加以比较，以得出更为客观的结论。"主位"与"客位"研究方法是指人类学家考察人们的行为和思想可以从两个不同的角度去进行，即"主位方法"的角度和"客位方法"的角度。主位方法是指用本地人的观点来努力理解文化，在采用"主位"研究法时，人类学家要努力去习得被调查者所具有的地方性知识和世界观，以便能够用与当地人一样的思维方式去考虑问题。检验"主位"研究法的记述和分析是否合格，要看那些记述和分析是否符合当地人的世界观，是否被他们认为是正确的、恰当的。所谓"客位"研究法是指从人类学家所利用的观点出发去研究文化，在对一个异文化（民族）社会做调查时常用。这时人类学家所使用的观念并不是以本地人（被调查者）的观点来看是恰当的那种观念，而是使用从科学的数据和语言中得来的模式。此时，调查者所做的、所描述的与被调查者所意识到的、所理解的很可能大相径庭。类型学是人类学研究中突出的方法之一。它以研究者选定的某一准则对研究对象进行归类，区分出一些类型，用以说明研究对象内部的差异，是一种有效的由局部入手以求了解整体的操作手段。

在实验室研究中，人类学与民族志方法的运用就是通过田野调查等研究方法，到科学活动的第一线——实验室，收集科学知识生产的第一手资料，然后撰写田野调查报告（民族志）的过程。拉图尔、诺尔－塞蒂纳、特拉维克以及林奇等人的实验室研究以及随后出版的实验室研究作品均采用了人类学的相关研究方法，尤其是田野调查方法和民族志方法。各书的作者均将实验室作为其田野调查的场点，由于他们具有不同的知识背景和研究目的，虽然同样是关于实验室的民族志作品，但其中的差别却很大。下面结合他们的工作逐一分析。

1975 年 10 月到 1977 年 8 月，拉图尔将他的田野调查场所选在萨尔克实验室。这个实验室因小儿麻痹症疫苗的发明者萨尔克（J. K. Salk）而得名，其实验室领导人则由 1977 年诺贝尔生理学或医学奖获得者吉耶曼(R.Guillemin)担任。在拉图尔看来,他自己对实验室所做的人类学考察,其目的在于打破对科学、实验室活动的神秘感,表明科学家和其他人的活动没有什么不同之处,科学活动不过是构造知识的舞台,传统人类学研究的目的是了解与现代人不同的原始部落文化;而科学社会学的人类学研究则是说明科学家的文化是现代文化的一部分。①

拉图尔以一个人类学家的身份走进实验室,他首先介绍了实验室的地理位置和实验室的结构、人员、设备以及人们的日常活动。令拉图尔感到奇怪的是,整个实验室按功能主要分为两个区域,第一个区域排满了各式各样的仪器,按功能可以将其区分为生物学实验室和化学实验室;第二个区域摆满了书、字典和文章,感觉是办公室。在第一区,人们都穿着白大褂,他们把设备用于不同的任务:切割、缝合、混合、搅动、做标记等。他们要么在进行生物学实验,如一些动物被宰杀、被注射、被实验;要么在进行化学实验,化学物质被分离、被重新构造出来。他们孜孜不倦地做着记录,贴着标识。在第二区,人们不穿白大褂,衣着都很休闲。此外,那些属于第二区的人长期与第一区的人讨论,相反的情况则很少发生。当第一区的"技术员们"把他们的大部分时间花在使用各种仪器并做出详细记录时,第二区的"博士们"则在办公室里不时讨论着问题,有时还在黑板上写着什么,有时又在各自的办公室宣读已经发表的论文。每天的工作即将结束时,第一区的实验员都会把从实验室中得到的结果的记录报告送到第二区即办公区。每隔 10 天左右,办公区就会产生一批论文,并交由秘书寄出。

这些论文是如何产生的呢?拉图尔看到来自实验室的数据通过办公区的设备输出成不同的图表,那只不过是堆放在办公室的数据的摘要。在诸多博士待的办公室里摆满了已刊发的文章以及实验室的内部资料——及时绘制的图表和写满数字的卷宗。结合这两类资料,新的论文就在办公室生产出来。拉图尔认为:"办公室就是我们生产单位的中枢,因为正是在那里,论文的新草稿以两类文献编制出来,一类来自外部,另一类产自实验室。"②而产自实验室的这部分文献则在实验室日

---

① 刘珺珺.科学社会学[M].上海:上海科技教育出版社,2009:198.

② Bruno Latour&Steve Woolgar. Laboratory Life[M].Princeton:Princeton University Press,1986:48.

常的记录、标记、改正以及读和写等一系列活动之后呈现出来,拉图尔将实验室的这种日常工作称为"文学铭写"。在综合了外部的文献和实验室内部的文献之后,一批学术论文就出笼了。而论文一旦发表,以前的标记将存入档案,不再具有太大的意义。拉图尔根据发表论文的篇数(通俗论文除外)来测算实验室每年的预算,一篇论文的产值在 1975年达到 6 万美元而不是 1976 年的 3 万美元。①

特拉维克的《物理与人理》堪称是人类学研究的典范著作。在书中,作者并没有像拉图尔、诺尔－塞蒂纳那样企图通过人类学的田野调查来说明自己的哲学观点,而是严格按照人类学的研究方法开展工作,并写出了一本符合规范的民族志作品。作者在该书中对自己的工作做了这样的总结:"在本书中,我考察了高能物理学共同体:共同体的组织结构,共同体成员科学生涯的不同阶段,成员共享的物理学理论,以及物理学家为了工作所建造的环境和仪器设备。按照人类学的说法,我描述了我们的社会组织、发展周期、宇宙观和物质文化。"②由此可见,作者主要关注的是高能物理学家的生存状况,关注物理学中的科学共同体以及他们的文化,并无论证某个哲学观的诉求。

作为《物理与人理》中文版译者之一,刘珺珺先生从三个方面概括了这本民族志作品所反映出的人类学特色:首先,人类学的研究注重微观研究,先要选定田野调查的场所(site)。而本书的作者特拉维克以美国的一个高能物理学的实验室作为研究的场所,并在这里工作和生活长达 5 年之久。其次,这本书的篇幅虽然不大,但是具备比较完整的民族志表达形式。第三,作者对人类学的研究方法提供了说明。如果读者能够领会她贯穿通篇的研究方法解说,胜过阅读一本专门的人类学研究方法的教材。③

如何写作田野报告即民族志?特拉维克认为通常要包括关于研究场点社区生活的四个方面的知识:第一是生态学(ecology):一个群体的生存手段、生存环境以及用于从环境中谋生的工具和其他器物。第二

---

① Bruno Latour&Steve Woolgar. Laboratory Life[M].Princeton:Princeton University Press,1986:73.

② Sharon Traweek. Beamtimes and Lifetimes:The World of High Energy Physicists [M].Cambridge:Harvard University Press,1988:157.

③ 沙伦·特拉维克.物理与人理——对高能物理学家社区的人类学考察[M]. 刘珺珺,张大川,等译. 上海:上海科技教育出版社,2003:译者前言.

是社会组织(social organization):为了完成工作、形成小圈子、维持和解决冲突、交换物品和信息,这个群体怎样正式地和非正式地建构自身。第三是发展周期(developmental cycle):这个群体如何把塑造聪明的有能力的人所需的技能、价值观念和知识传送给新人。第四是宇宙观(cosmology):这个群体的知识体系、技能和信仰,他们珍视什么,他们贬斥什么。① 由此看来,《物理与人理》可以说是科技人类学研究的典范著作。刘珺珺指出:"人类学家特拉维克的工作,给出了一种示范:她不是只关心知识的社会建构的科学知识社会学家,她也不是仅仅关心物理学家的时空观的科学哲学家。"②从其著作中可以看出,特拉维克是一个客观揭示高能物理学家社区生活及其文化的科学人类学家。

作为序幕即作品的导论部分,作者以"一个人类学家对物理学家的研究"为题,对本次田野研究的目的、场所、方法以及提出的假说做了概略性的交代。第一是关于研究目的:作者希望借助对以下主题的叙述,如高能物理学家如何看待他们自己的世界,如何建造自己的研究社区,又如何把初出茅庐的新人培养成为真正的物理学家,以及他们的科学研究共同体是如何运转来生产知识的等等,来达到如下的研究目的:物理学家们如何造就共有基础(shared ground),能使其共同体的所有成员立足其上;他们如何建立领地,可以在其中进行争论;如何确定公认策略,以便收集数据资料、制造实验设备和争取荣誉;如何制定基本规则,得以通过竞争获取数据资料、实验设备和荣誉声望。

第二是田野调查的选点:作者的田野工作主要在 3 个国家的实验室进行,即位于日本筑波的高能物理学研究所,位于美国旧金山附近的斯坦福直线加速器中心和位于芝加哥附近的费米国家加速器实验室。作者还参观过其他几个实验室,其中包括位于日内瓦的 CERN 和位于德国汉堡的德意志电子同步加速器研究中心(简称 DESY),另外还访问了几所大学的物理系。

在序幕部分,作者就田野调查场点的选择和田野调查时间的确定提出了自己的看法:首先,关于场点的选择。人类学家研究的社区相对

---

① Sharon Traweek. Beamtimes and Lifetimes: The World of High Energy Physicists [M].Cambridge:Harvard University Press,1988:7.

② 沙伦·特拉维克.物理与人理——对高能物理学家社区的人类学考察[M].刘珺珺,张大川,等译.上海:上海科技教育出版社,2003:译者前言.

较小，一般在 3000～5000 人。一个社区，就是一群拥有共同历史，又期望有共同未来的人群，它有某种吸纳新成员的方式，也有辨识和维持本社区不同于其他社区特征的手段。高能物理学社区是符合社区这一定义的，由此作者将其作为人类学田野调查的场点是合适的。其次，关于时间的确定。人类学研究的首要条件就是人类学家要花足够长的时间在某一个特定的社区内部生活，观察社区内一个完整周期的日常活动。在一个农业社会，要经过春夏秋冬四个季节，详尽观察与粮食生产相关的全部活动。在一个研究实验室里，一个完整的实验周期，包含某项实验从规划到实施的整个过程。而完成一个高能物理实验的时间一般是 3～5 年。作者的田野调查时间为 5 年则基于高能物理学研究的一个完整的周期：设备的制造和组装一般需要 1～3 年，具体进行实验的过程可能也需要 1 年，实验完成后对数据资料进行详细的分析也需要 1 年左右。

第三是田野调查的基本方法：参与观察。什么是参与观察呢？人类学家既收集生活历史、知识的故事、传说、神话和神学，也收集网络、代际关系、磋商、上下属关系、冲突、变化和稳定性等方面的信息；他们还研究人工器物，也就是物质文化（material culture）的构建，并搜集对于它们的描述。这种田野调查的环境，是共同体已经建构好了的而不是研究者安排的，故而被称为参与观察（participant-observation）。对于本研究而言，作者的"参与观察"主要包括两层含义：其一是"参与"（participant）方面，就是要求实地调查者记录下这个人群如何应对她（指作者本人），即这个群体如何逐步接受她或者在某种程度上容忍她的各个阶段；第二是观察（observation）方面，就是要密切地注视共同体内的人们在日常生活中如何为人处事，目的是要对场景、语言、语调、身体的姿势、手势、衣着、距离和对可以移动的物品的摆放，乃至对于因一种互动转换为另一种互动导致上述方面发生的变化，一一做出"深描"（thick description）①。

第四是关于田野调查的假说即结论：如何构思民族志作品的结论。作者认为物理学家的文化之中有三个标志，也可以看作是这种文化的象征性符号："其一是物理学家对时间的体验，其二是被称作探测器的

---

① "深描"是解释人类学家格尔茨的专门用语，意指对于观察到的现象做出深层意义的描述。

人工制品,其三是有时被称作实在论的思维方式。"①正是基于这三个标志,特拉维克写出了她的民族志作品《物理与人理》。

(三)常人方法论的话语分析与工作研究方法

实验室研究的多数作品都受到常人方法论思想的影响,林奇的《实验室科学中的技艺与人工事实》则直接是基于常人方法论(ethnomethodology)②纲领展开的。

作为一种研究方法,"常人方法论可以简约地被描述为一种研究社会实践之间的关系并且说明这些实践的方法"③。常人方法论一般被视为是对"微观"社会现象的研究,研究范围是街道或家庭、商店、办公室等,主要进行的是面对面的访问。作为常人方法论的"奠基人",加芬克尔 1954 年发明了常人方法论一词。其中的"ethno"在希腊文中意为国家、人民、部落、种族,此处主要指普通人(everyone)或成员(member),而将 ethno 和 method 组合而成的"ethnomethod"就是常人方法,也就是指普通人在日常生活中,为了解决各种日常问题所运用的"方法"。加芬克尔在其《常人方法论研究》的前言部分,就以分割式语句方式界定了这个概念:"常人方法论的研究把分析日常的活动作为研究成员的研究方法,以便使这些同样的活动对于——所有的——实际的——目的——都是——可见的——理性的——和——可报告的。"随着加芬克尔《常人方法论研究》(1967)、《常人方法论的工作研究》(1986)以及《常人方法论的纲领》(2002)的出版,常人方法论的影响逐渐扩大,其理论旨趣也广为人知。在加芬克尔看来,常人方法论应包含两个理论旨趣:其一,社会学研究应该面向日常生活,分析普通人在日常生活中如何运用常识性知识、程序和技巧来组织他们的实际行动。在这个意义上,常人方法论所关注的社会实在,是那些日常的(everyday-life)、毋庸置疑和理所当然的(unquestioned and take for granted)、延续展开和不断建构的(ongoing constructing)成就。其二,社会学本身也是一种日常活

① Sharon Traweek. Beamtimes and Lifetimes: The World of High Energy Physicists [M].Cambridge:Harvard University Press,1988:15.

② Ethnomethodology,又译作本土方法论、人种学方法论、民族学方法论、俗名方法学、常人方法论等,常人方法学者经常将其工作简称为"EM"或"EM Studies",以区别于传统社会学的正式分析(formal analysis,FA)。

③ Michael Lynch. Scientific Practice and Ordinary Action[M]. London:Cambridge University Press,1997:1.

动,社会学知识与日常知识或常识之间并没有截然分明的界限。①

一般而言,常人方法论学者都承认他们的理论与以下四种理论传统相关:一是帕森斯的社会学理论;二是胡塞尔的现象学以及舒茨的现象学社会学;三是维特根斯坦的后期语言哲学;四是戈夫曼的符号互动论。随着常人方法论的发展,以下几个主题频繁出现,有时也被称为核心概念,它们是:可说明性(accountability),反身性(reflexicality),索引性(indexicality)。

所谓"可说明性",可转换为更经济的词汇:"可观察的和可报告的"(observable and reportable)。在林奇看来,将"可说明性"分解为以下一组说明,可使这个概念得以明晰和确认:(1)社会活动是有序的(orderly)。在寻常明显的诸方面,它们是有序、循环、重复、匿名、有意义和一致性的。(2)这种有序是可观察的(observable)。社会活动的有序是公开的:活动的产物可以得到见证,比如独特的个人事物更具可理解性。(3)这种可观察的有序是寻常的(ordinary)。就是说,社会实践的有序特性是平凡的,有能力参与这些实践的每一个人,都会很容易、很自然地见证这些特征。(4)寻常的可观察的有序性是有指向的(oriented)。社会有序活动的参与者具有导向其他社会活动的意识,在这样做的同时,他们暂时性地促进这些活动的发展。(5)这种有指向的寻常的可观察的秩序是理性的(rational)。有秩序的社会活动使得那些知道如何产生这些活动和如何确定这些活动的人具有明确的意识。这些活动是可分析和可推断的。通常可以像推断日出那样推断这些活动。事实上,可以用这些活动推断日出,也可以用日出来推断这些活动。(6)这种理性的有指向的寻常可观察的秩序是可描述的(describable)。精通相关语言的大师们能够谈论他们活动的秩序,他们也以并且按照他们的活动秩序谈论和行事。② 因此,社会学的描述是职业社会学家的研究得以展开的活动领域中内生的特性。正是由于社会活动是可说明的,所以一方面,常人方法论才主张社会学应该并且可能从日常生活中找到理论源泉;另一方面,加芬克尔也才能进一步将社会学的推理实践看成是一种说明实践。

反身性主要是指日常行动中行动与说明和场景之间的不可分性,

---

① 侯钧生.西方社会学理论教程(第二版)[M].天津:南开大学出版社,2006:288.

② Michael Lynch. Scientific Practice and Ordinary Action[M]. London:Cambridge University Press,1997:14—15.

说明属于行动的内在组成部分,对行动的说明也不能独立于其从社会角度组织起来的运用场合而存在。相反,说明是一种独立的实践行动,跟其他行动者一样,必然有助于作为其中一部分的环境的形成,并从中获得理解与解释。正如加芬克尔所言:"描述在某种意义上是其所描述的环境的一部分,其在详尽说明环境的同时也为环境所详尽说明,这种反身性保证了自然语言所特有的索引性特征。"加芬克尔把日常行动看作是一个反身性建构的过程,这种反身性的建构过程又被称为"文献解释法"。在他看来,所谓文献解释法,就是将一种实际现象当作一种预先假定的基本模式的"证据""说明"或"代表"。一方面,这个模式是由它的个别证据引申而来的;另一方面,这些个别证据反过来又是在对基本模式有所了解的基础上加以解释的。模式自身与模式的特例相互强化、相互证明、互为对方的反身。① 在加芬克尔看来,不管是普通人还是专业社会学家,在说明实践中都将运用"文献解释法"。以谈话为例,所有谈话本质上都是反身性或自我描述的,谈话意义的构建过程亦被当作意义构成的一部分。成员的系统表述(formulation)不断创造着谈话并通过证明其可理解性而描述着这一环境。同时,通过统一程序,成员建构并描述作为可观察现实的环境。

"索引性"作为常人方法论的一个核心词汇,最初起源于语言学,主要研究语句在不同语境中的不同意义。加芬克尔将其应用于社会学,认为日常实践活动也具有索引性,即"人的行动"和场景之外的社会结构之间存在着复杂的联系。索引性在加芬克尔的常人方法论中居于重要地位,日常实践的可说明性在本质上就是索引性表达。加芬克尔区分了索引性表达和客观性表达两种不同的范畴。索引性表达是日常表达的特征,就其意义而言,它是完全依赖于其情景的,即它是由情景限定的。从这个意义上说,任何一个看似孤立的表达或行动都是某个复杂的"索引链"上的一个环节,找到一个不受索引性问题困扰的最终基础是不可能的,加芬克尔称其为"无底之船"(a boat without a bottom)。客观性表达则不同,它主要是对事物的客观性质的普遍特征予以描述,而不受描述者与特定情境限定。换言之,客观性表达不依赖于描述现象的特殊表现形式的背景关系,即它不受情景限制。借助客观表达,人们建立起精确科学,因为这种表达使得正式话语成为可能,使关于现象

---

① 侯钧生.西方社会学理论教程(第二版)[M].天津:南开大学出版社,2006:304.

的普遍命题的系统程序成为可能，而这些命题具有普遍有效性。

索引性表达由于与社会背景密切相关而显得模糊，但它并不影响日常互动的进行，正是这种与日常生活密切相关的表达方式才更好地体现了日常生活的真实面貌。虽然传统社会学想通过一些东西（例如规则）来修补日常行动，以提供日常行动的终结性的理论说明，但加芬克尔认为这种做法不仅错误地理解了日常生活，而且损坏了社会学本身。同时他还指出："无论实践行动在哪里成了研究的主题，这种可能的区别以及对索引性表达的客观性表达替代，在人们必须具体证明他们的每一种特殊情况和每一种场合下，都依然是纲领性的。"①换言之，我们自以为是客观的社会之所以是客观的，仅仅是因为我们用客观的术语表达它们，也就是说，依据它们共同的性质表述它们。而这些共同性质并非必然地内在于这些客体本身，而是由描述的方式赋予它们的。

常人方法论自加芬克尔创立以来，尤其是《常人方法论研究》(1967)出版以后，大量的经验研究工作得以开展，常人方法论的研究纲领也开始趋向于两个方面，一是谈话分析（Conversation Analysis），二是工作研究（Work Studies）。谈话分析将研究的焦点集中于谈话者形成谈话活动的方法和程序上。在侯钧生先生看来，谈话分析的主要特征体现在以下几个方面："首先，谈话分析是经验研究。谈话分析关注现实环境中的、从事日常活动的人们之间的真实对话，而不是日常语言哲学家所构想的'理想化的句子'。其次，将谈话本身作为研究的对象。谈话分析关注话语之间的关系，而非谈话者之间的关系。第三，将谈话视为成员的实践活动，强调谈话活动的自我组织过程。……第四，自然主义的方法论。谈话分析强调尽量完整地保存谈话过程的信息，保证研究材料完全来自日常世界，而不是研究者强加给它的。谈话分析最好的记录手段是录像、录音，这些技术使得研究者可以详细地检验与再检验这些实际谈话，也使研究者可以对谈话做更细致的研究。"②

常人方法论的工作研究纲领兴起于20世纪70和80年代，最初的研究是为了把握自然组织化的日常活动的广泛领域，之后则关注于狭义的职业工作，通过对自然科学、数学、演讲等组织化现象的技术细节的考察，展现"一种职业活动如何工作"的问题。工作研究基本遵循常

①　Harlod Garfinkel. Studies in Ethnomethodology[M]. New Jersey：Prentice Hall，1967：6.

②　侯钧生. 西方社会学理论教程（第二版）[M].天津：南开大学出版社，2006：321.

人方法论的方法论准则,一方面应用各种研究方法与技术,如民族志、谈话分析以及录像、录音等技术;另一方面又因地制宜地采用各种研究策略与方法。实验室研究则是常人方法论者关注科学知识生产过程或科学家群体文化演变的一种极具典型性的工作研究形式。

林奇的实验室研究工作是基于常人方法论展开的,他的实验室研究作品《实验室科学中的技艺与人工事实》(1985)并未遵循科学知识的社会建构论立场,相反,他对社会建构论的 SSK 始终持一种批判的态度。在赵万里看来,这种批判态度的出现与常人方法论和社会学在方法论上对待科学的态度差异有关:"要恰当理解社会现象,研究者需要超出作为社会组成的个体的意识,找到其作用的因果关系。常人方法论的原则正好相反,它要求对所研究的实践,应只以内在于这种实践的语言提供一种叙述,要信任并尊重行动者的观点,而不是从社会理论中为所考察的实践寻求异质的和'外在'的说明。"①

由此,林奇以常人方法论为指导的实验室研究通过对实验室科学家日常科学活动的分析,判断他们的行为是否如同常人一样,努力借助各种权宜性的活动和方法来促使科学活动的社会秩序的形成。与拉图尔和诺尔—塞蒂纳相比,林奇除使用了田野调查的常用材料界面外,还对实验室成员的日常谈话做了录音,特别是合作研究者在工作中的交谈,这为他以后的谈话分析研究储备了素材。正是由于林奇将关注的重点从知识形成过程背后的隐藏秩序转向了实验室的"现场工作"(shop work)和"现场交谈"(shop talk),使得他的《实验室科学中的技艺与人工事实》更具常人学的意味,而"可说明性""反身性"和"索引性"等常人学主题也得到了淋漓尽致的体现。除此之外,林奇与拉图尔和诺尔—塞蒂纳等人的不同还体现在他们对田野调查方法的理解上,拉图尔和诺尔—塞蒂纳等人认为对实验室的田野调查应该与研究对象保持一定的距离,甚至对实验科学家日常实践的分析要采用一种"元语言",而不是科学家的日常工作语言。而林奇则反对这种方式,在他的实验室研究中,他不仅是一位单纯的观察者,还是一位参与者,他不仅学习了大量与实验室日常研究相关的基础知识,而且参与了部分的实验室研究工作。

---

① 赵万里. 科学的社会建构:科学知识社会学的理论与实践[M]. 天津:天津人民出版社,2001:229.

SSK 的社会建构论纲领随着实验室研究的开展得到了进一步加强，它似乎在实验室找到了新的证据，那就是，不仅科学事实是社会建构的，而且科学论文也是社会建构的。SSK 之所以提出这样激进的、不畏科学主义者谴责的言论，确与传统哲学主客二分思想的出现以及当下符合论真理观的备受质疑有关，而这些均为社会建构论主张的出场提供了可能的话语空间。

一、社会建构论的哲学基础

社会建构论的哲学基础与实验室研究的理论背景可以说是一个问题的两种提法，在前文对实验室研究理论背景做了探讨的基础上再谈社会建构论的哲学基础，无非是想强调哲学观的变革对社会建构论生成的奠基作用，除此之外，再无其他的奢望。

(一)本体论的追问与主体性的觉醒

本体论(ontology)是关于自然或世界"存在"及其规律的学说,它是哲学中的一个独特的范畴。ontology 一词来自古希腊文,on 意为存在、有、是。因此,本体论也就是世界的存在论。在古希腊,本体论就是关于世界本原的讨论,泰勒斯、德谟克利特、柏拉图等人将世界的本原归结为"水""原子""理念"等等。而在古代中国,本体论就是关于世界最基本实在的讨论,古人将其归结为"气""五行""理""心"等等。以上探讨虽与本体论相涉,但就什么是本体论而言,依然含糊不清。最早就本体论做出明确概括的当属亚里士多德,他这样写道:

有一门学问,专门研究"有"本身,以及"有"借自己的本性而具有的那些属性。这门学科跟任何其他的所谓特殊科学不同;因为在各种其他的科学中,没有一种是一般地来讨论"有"本身的。……现在,既然我们是在寻求各种最初的根源和最高的原因,那么,显然必须要有一种东西借自己的本性而具有这些根源和原因。所以,如果那些寻求存在的事物的元素的人是在寻求这样的根源,那么,那些元素就必然应该是"有"本身的要素;"有"之所以具有这些元素,并不是由于偶然,而恰恰因为它是"有"。因此,我们必须加以把握的最初原因,正是属于"有"本身的。①

亚里士多德将这门学问称为第一哲学。亚里士多德之后,古希腊的本体论哲学发生了转变,从原来追求世界本原的朴素唯物论走向了一种神学本体论。在古希腊罗马晚期的神秘主义哲学家那里,哲学被赋予一种与以往迥然不同的面貌。他们将神灵与理性思维完全割裂开来,并将神灵视为万物的本原与高于一切的哲学范畴。这种神秘主义思潮在中世纪得到了进一步的发展,并演化成一种神学本体论。从古希腊到中世纪,哲学本体论一直拘泥于外在的客观规定性上,世界本原笼罩在世俗与神秘的光环之中,哲人们的思绪则从原始的朴素性迈入了神秘主义的牢笼。直到近代,伴随着欧洲文艺复兴的肇始,人的主体性地位才开始慢慢地凸显出来,为哲学本体论的重心从外部世界向主体性的转移奠定了思想基础。在近代哲学看来,就存在本身的探讨依

---

① 北京大学哲学系,外国哲学史教研室.古希腊罗马哲学[M].北京:商务印书馆,1961:234.

然应当是哲学的主要任务之一。

(二)主客二分的出现与符合论真理观的无奈

客观世界丰富多彩，形态各异，而人的认识却是一般性的概念与结论，这二者之间的差别何在？追根溯源，若将世界的本原问题加以扩展，实际上是一个主客体之间的关系问题。换言之，也就是主体如何去认识和把握客体的问题。在古希腊，由于主体性的缺失，他们简单地认为认识与对象是直接同一的，世界的本原可以在没有主体的情况下显现出来。相比较而言，古希腊罗马哲学（含中世纪）是直接撇开主体性而探寻世界本原的，而近代哲学则是从主客关系的角度间接地探讨世界的本原。近代以来，不管是英国经验论还是大陆唯理论，都将其哲学局限在主体性的范围，并据此推演出对世界的基本看法。

主体性的觉醒打破了传统哲学天人合一的习见，自然被看作人类认识的对象。自笛卡尔以降，人与自然的这种主客二分的对象性关系便被明显地揭示了出来。在主客二分思想的导引下，一系列的二分开始出现，如自然与社会的二分、规则与行动的二分等等。哈金指出："长期以来，哲学家把科学当成了木乃伊。"①近代科学的目标，就在于寻求纷繁世界背后的隐藏秩序。对主客二分思想的领悟与运用，推动了近代自然科学的发展，并衍生出一种极具代表性的符合论真理观。

哲学上探讨的符合论真理观主要有两种表现形态：一种是追求主观认识与客观世界相符合，即寻求一种"自然之镜"的真理观；另一种则追求客观世界与主观认识相符合，而这一点与康德哲学的"人为自然立法"的观念直接相连。杨祖陶和邓晓芒就康德的这一观点做了很精辟的阐述。

"人为自然立法"是指人的理性给作为认识对象的自然颁布规律。在这里，立法者是人的理性，被立法者是认识的对象。理性为自然所立的法，就是认识主体为认识对象所提供的一些规律性的东西，它构成了经验对象的形式方面，是形成知识和经验对象的决定性因素。这就说明，人类理性或认识主体在认识过程和知识的形成过程中，不是作为"白板"来消极地接受对象，而是以自身的原理为指导能动地作用于对

---

① Ian Hacking. Representing and Intervening[M]. Cambridge：Cambridge University Press，1983：1.

象。不仅如此,"人为自然立法"的实质,根本说来就是要创造出一个科学的认识对象。……从这个意义上说,认识就是创造,既创造出自然界的知识,又创造出知识的对象即自然界本身。[①]

从符合论真理观的第一种形态来看,符合自然的就是正确的,否则就是错误的,似乎不掺杂一丁点主观人为的因素。这种符合论真理观应用于对科学的理解,实质上就是一种镜式哲学的科学观,而科学这面镜子的功能就在于表征自然并产生描摹、映照和反映世界的真实面貌。正是基于这样的理解,大批的自然哲学家(包括后来的自然科学家)开始将研究的焦点集中于身外的世界,他们希望通过观察、实验等方法胁迫自然说出自己的奥秘。自然好像也开始表露自己的心声:我是这样的,而不是那样的。而作为第二种形态的符合论真理观,更强调人的主观能动性,强调人对认识对象的建构,但这种建构不是随意的建构,而是建立在丰富的经验现象与人类自身的理性基础之上的建构。客观说来,这两种思维方式和研究方法都推动了自然科学的发展,加深了人类对自然的理解。

科学家往往倾向于符合论真理观的第一种理解。通过他们的努力,蕴含在自然中的表层规律被不断地揭示出来,这种规律被冠以真理的口号,因为有人说它与自然是相符的。而对这种表层规律的运用大大增强了人类改造自然的力量,借助一些哲学家的观点,大大推动了生产力的发展和人类的进步。而此种意义上的符合论真理观也被提升到了一个全新的高度,甚至成为左右科学家日常研究的行为准则与道德戒律。诚然,自然科学的发展,促进了科技的进步,一些更精密的仪器被制造了出来,人类对自然界的研究也开始从日常生活的世界走向了更加广阔的领域,从原来肉眼可见的范围逐渐扩大到更大或更小的领域。而以牛顿力学为基础的宏观物理学逐渐被适用面更广的相对论所代替,而量子力学的研究则走向了与宏观世界相关的另一个极端——微观世界。然而,无论是科学技术的发展水平还是人类自身都存在着局限,随着研究领域的扩张,科学研究的难度逐渐增大,令人类向往的与自然相符的真理也不再那么容易被揭示出来。从当代量子力学的研究结论看,自然世界好像也不是那么确定和客观,甚至在实验中有没有

---

① 杨祖陶,邓晓芒.康德"纯粹理性批判"指要[M].北京:人民出版社,2001:40—41.

人（或测量设备）的参与，都将会左右实验的结论本身，而微观粒子的波粒二象性就是其中的一个典型案例。

随着科技水平的提高，科技的这种改造自然的力量发挥到了极致，人类也从原来的野蛮时代过渡到了现代文明时代，此时的科学研究也负载了更多的社会意义与价值因素，甚至有时候作为一个国家的战略被制定和实施。于是在社会的强大压力与自然界的规律很难被揭示的双重焦灼之下，一种科学研究（或说是对待科学）的态度开始发生转变。一些人依然强调科学是对自然的真实反映，科学研究的目标依然是寻求与客观世界相符的真理；而另一些人则强调科学研究过程中主观因素的作用，甚至将康德的"人为自然立法"中的理性成分完全去掉，认为科学知识是一种基于实验室操作或人类需要的纯主观建构过程。他们分析科学研究者的社会背景与利益链条，甚至一些社会学家或人类学家直接深入实验室——科学研究的现场，试图挖掘主观或社会因素如何渗进科学知识的内容之中。于是，原来的符合论真理观面临前所未有的挑战，虽然科学家依然还是这种观念的支持者，但是反对的呼声却在不断提高，作为一种对符合论真理观的反叛，一种关于科学知识的社会建构论观点被送上了理论探讨的舞台。它们不再以自然作为其叙事的基础，而以社会代替之，试图以社会为基础来探求人类存在的永恒规则，来说明科学知识生产中的社会因素的广泛渗透。于是关于科学的社会决定论开始代替自然决定论，一种以社会为出发点的叙事逻辑开始弥漫开来，而实验室研究则为这种叙事逻辑的广泛传播提供了新的证据支持。

二、科学事实的实验室建构

在 SSK 社会建构论纲领的引领下，一些哲学家、社会学家、人类学家开始深入实验室，试图揭示科学知识的复杂建构过程。在他们看来，科学知识的社会建构包括密切相关的两个层次，其一是科学事实的建构，其二是科学论文的建构。而这些均在拉图尔和伍尔加的《实验室生活》以及诺尔—塞蒂纳的《制造知识》中得到了极其生动的说明。我们将按照诺尔—塞蒂纳的思维框架，结合她的一些有影响的作品，并选择拉图尔等人的实验室研究案例，重点从科学事实的实验室建构、科学论文的实验室建构以及实验室建构的驱动力三个方面来阐释实验室实践中的社会建构论主张。而就科学事实的实验室建构而言,或者说,科学事实为什么是一种实验室的建构物? 实验室研究者主要给出了三个方面的解释。

(一)解释之一:作为一种受害者的"自然"和"真理"

就科学事实的建构而言,诺尔-塞蒂纳虽然也立足于实验室的人类学考察,但相对拉图尔和伍尔加而言,她的语言更具哲学特点和论辩风格。

从词源学的角度看,"事实"(fact)是指"已经被制作出来的东西",与其在拉丁语中的词根 facere 即"制作"是一致的。然而,人们往往把事实当作已知的实体,而并不是一种人为的建构物。在客观主义者看来,世界是由事实构成的,知识的目标是提供一种关于世界是什么样子的原原本本的说明,而科学的经验规律和理论命题就是用来提供这些原原本本的描述。但诺尔-塞蒂纳等人反对这种观点,在他们看来,科学知识的生产过程充满着建构性,而不是描述性,是由决定和磋商组成的链条。在实验室中,自然和真理是主要的受害者,言外之意,科学事实是实验室建构的产物。

"自然"因何是受害者呢? 在诺尔-塞蒂纳这里,实验室是一个操作人工物的作坊,而不是自然物显现自身的地方。这可以从两方面来加以说明:第一,实验室很少研究作为本真状态的自然物。相反,它们的研究对象经常是想象或视觉的、听觉的、电的等的踪迹,研究它们的构成、提取物、纯化了的样本。实验室给予我们的印象是一个由桌子、椅子构成的工作空间内仪器和设备的一种当地累积。实验所用的所有原材料被特地种植并被选择性地培育出来,多数的物质和化学药品被净化,而且从服务于科学的工业或者从其他实验室得到,甚至实验所用的水也要经过特殊的处理。这些物质与测量仪器如同桌面上的论文一样,都是人类努力的成果。这些实验物的高度人工化,使得实验室不仅不包容自然,甚至尽可能地将自然给清除掉了。第二,不仅实验的对象是"非自然的"或"人工的",实验室所使用的仪器设备也是人工的。借助实验仪器、实验工具等人工建造物,来实现对实验对象的观察、识别、筛选、控制,从而得出一些基本的结论。显然,这种结论是人工物(科学仪器)与人工物(实验对象)之间的互动造成的,而不是对自然界本身的描述。由此看来,在实验室的任何一个地方,我们都很难找到一个与描述主义科学观完全相符的"自然"或"实在",按诺尔－塞蒂纳的话来说就是"自然是实验室的受害者"。

为什么说真理也是实验室的受害者呢?诺尔－塞蒂纳通过对实验室日常实践的考察发现,实验室科学家的科学实践并不是以探索真理为目的的,而是遵循着另外一个原则:"如果存在一种似乎可以控制实验室行动的原则的话,那么,它就是科学家对使事物'运行'的关切,这种关切表明一种成功的原则而不是关于真理的原则。"①但诺尔－塞蒂纳同时也申明:"使事物运行——产生结果——并不等同于对它们进行证伪。产生一些不顾潜在的批评的结果,也并不是实验室所关心的问题。"②当实验室产生了实验结果之后,他们首先要做的是防范在实验结果出版之后所可能面对的批评。于是,在结果公开之前,科学家会通过小型会议等方式来反复论证一些问题,如关于事物如何运行、为何运行和为何不运行、为使它们运行而采取什么样的步骤的词汇。在诺尔－塞蒂纳看来:"这种词汇事实上是一种话语(discourse),这种话语适合在被称为'实验室'的知识作坊(workshop)里对知识进行工具性制造"③。这种工具性制造实际上也是对事物运行取得成功的关切,而关注成功与追求真理相比,是一种更加世俗的追求,而这种对事物运行的关切一旦取得成功,它将通过出版物在科学的日常生活中不断地变成荣誉。拉图尔和伍尔加提出了与之相似的看法:"观察人工事实的构成……真实性是事实建构的结果而不是它的原因,这就意味着,科学家的活动是致力于有关陈述的加工,而不是致力于'真实性'。"④由此看来,实验室的日常行动是以"成功"为目标,而不是以"真理"为目标的,从这一意义上说,真理是实验室的又一个受害者。

在诺尔－塞蒂纳看来,实验室的受害者远远不止上述两个方面,实际上,所谓的科学理论也是实验室实践的受害者之一。这反映在实验

① Karin Knorr Cettina. The Manufacture of Knowledge[M].New York:Pergamon Press,1981:4.

② Karin Knorr Cettina. The Manufacture of Knowledge[M].New York:Pergamon Press,1981:4.

③ Karin Knorr Cettina. The Manufacture of Knowledge[M].New York:Pergamon Press,1981:4.

④ Bruno Latour&Steve Woolgar. Laboratory Life[M].Princeton:Princeton University Press,1986:236－237.

室的理论表现为一种"非理论"的特征。理论往往隐藏在对"发生了什么情况"与"实际情况如何"部分的解释的背后,它们把自己伪装成对"如何理解它"这一问题的暂时答案。各种理论与实验室的工具性操作变得不可分离,这些理论也被依次编制到实施实验的过程之中。同时,诺尔一塞蒂纳也认为,实验室研究中的理论更类似于政策,而非信条。这样的政策使解释与策略性的机智、巧妙的计算融合起来。而此时政策的运用就如同实验室对"成功"的关切一样,必然会与一种利益结构相联系。于是,在她的眼里:"纯粹的理论就可能被称为一种幻想,即科学从哲学那里保留下来的幻想。"①由此看来,随着实验室科学实践的继续,"自然""真理"甚至"理论"逐渐消逝,而所谓的科学事实也只是一种实验室的建构而已。

(二)解释之二:事实建构渗透着决定

在诺尔一塞蒂纳等人看来,实验室的科学实践过程是一个建构性的过程,而这种建构包含着决定和商谈的链条,通过这一链条,实验的结果也被建构出来。换言之,科学家在实验室中必须做出决定,而决定如何做出,涉及科学家的一系列选择(包括对决定标准的选择与转换),而选择本身又与科学家所处的与境②密切相关。由此看来,科学家对科学事实的实验室建构与多方面的因素相关,现将其中比较重要的方面分别阐述如下。

第一,科学家选择标准的层次性和可转换性。实验室科学成果的得出往往与科学家的日常选择有关,而这种选择有人为的成分。诺尔一塞蒂纳考察了一位科学家的选择思路。这名科学家需要通过计算机将数据制作成图表,但由于计算机的选择功能有八种,按照不同的选择功能可能会制作出不同的图表,但究竟使用哪一种功能,需要一种标

---

① Karin Knorr Cettina. The Manufacture of Knowledge[M].New York:Pergamon Press,1981:4.

② "与境"在英语中的对应词为 context。通常人们把 context 译为"上下文""与境"或"脉络"。"与境"的意思包含了"语义"和"生成"两个方面:在语义构成上,与境包括理论、方法、价值等成分;在生成方面,与境包含了社会的、历史的、政治的、心理的因素等。譬如某个科学共同体对科学成果的评价与境。实际上,诺尔一塞蒂纳主要在这种生成层面上使用 context 一词,但这层意思是 context 原来的中文译法"上下文""语境"或"脉络"所不同的。参见[奥]卡林·诺尔一塞蒂纳. 制造知识——建构主义与科学的与境性[M]. 王善博,等译. 北京:东方出版社,2001:译者前言,第 2 页,译者注。

准,而这样的标准仅仅是二级选择:它们代表了在其潜在标准中的一种选择,一级选择可以被转化成这样的潜在标准。而程序可以提供两种不同标准,科学家选择了两者的结合。但是,在开始的时候他得到的是一种指数函数,而他想得到的是一种线性函数,因为这样解释起来简单得多。于是他不断地修改标准,最后终于得到了他想要的指数函数。由此可见,科学成果是依据几种等级或层次的选择性建构出来的。换句话说,科学成果不大可能在不同的条件下以相同的方式被再生产,重复一个已有的实验过程极不可能,除非实验过程的多次选择被固定下来。这种观点与柯林斯在"复制 TEA 激光器""探测引力辐射"中关乎科学争论的探讨不谋而合。与实验室的内部建构相比,现实情况更加复杂,由于科学家之间存在着交流、合作和竞争,所以影响他们做出选择的标准将更多,而选择一旦做出,以前的选择就对后续的选择产生影响。在诺尔-塞蒂纳看来:"以前工作的选择构成了能够使科学研究得以继续的一种资源,即这些选择提供了工具、方法,并提供了科学家在自己的研究过程中可以利用的解释。"[1]而在拉图尔和伍尔加看来,每当一个陈述稳固下来,它就假扮成机器、铭写工具、技巧、常规、偏见、推论、纲领等等被重新引入实验室。由此看来,实验室日常选择的标准会受到社会因素的影响,而选择一旦完成,与实验结论相关的选择标准的产生过程都将被人为地隐藏。

第二,科学家日常选择的索引性。索引性本是常人方法论的核心概念,诺尔-塞蒂纳将其用在这里有其特定的含义。在她看来:"'索引性'主要是指科学活动的境况偶然性和与境定位。这种与境定位显示出,科学研究的成果是由特定的活动者在特定的时间和空间里构造和商谈出来的。这些成果是由这些活动者的特殊利益、由当地的而非普遍有效的解释来运载的;并且,科学活动者利用了对他们活动的境况定位的限制。简言之,科学活动的偶然性和与境性证实了科学成果是一种具有索引逻辑标志的混合物,这种索引逻辑表示了科学成果的特性"[2]。

境况偶然性也可以理解为机会主义,诺尔-塞蒂纳通过"修补工"

---

① Karin Knorr Cettina. The Manufacture of Knowledge[M].New York:Pergamon Press,1981:6.

② Karin Knorr Cettina. The Manufacture of Knowledge[M].New York:Pergamon Press,1981:33.

隐喻来说明实验室实践中的机会主义:

一个修补工……他并不知道自己将要生产什么,但可以使用在他周围所能找到的一切东西……目的在于生产出某种中用的物品。……(与工程师)相反,修补工总是安排一些七零八碎的东西。他最终生产的东西一般也没有什么特别的规划,而且是产生于一系列偶然的事件,即他所获得的一切机会——他往往没有什么仔细确定好的长期规划,为了生产一件新的物品,修补工赋予他的材料一些意外的功能……(这些物品)体现的不是工程学的一种完美产品,而是无论何时何地只要有机会出现就凑合起来的零碎物件的拼件。①

科学家的工作与"修补工"相类似,在他们的科学实践中,偶然性无处不在,而科学家的日常选择建立在机会主义的基础之上。举例而言,在实验中之所以选择 A 而不是 B 作为观测的仪器,仅仅是因为 A 刚好在手边,或 B 被同事拿走了,或选择 B 可能成本更高等等。一旦与某个实验相关的一系列操作在这种偶然性的选择中得以完成,实验结果便呈现出来,而此时的结果看起来是如此的合理和客观,虽然它的过程充满着偶然性。科学家此时的工作就是一种修补,在修补后,原来看似杂乱而无序的实验室实践转化为一种以结果为目标的有序。这正如诺尔-塞蒂纳所言:"在实验室待上一天,通常就足以给观察者留下科学家在无序中操作的印象;而在实验室待上一个月,观察者则将对下面一点深信不疑,即实验室的大部分工作都与消除和补救这种无序有关。"

索引性的另外一个方面是与境定位,这与实验室的环境因素密切相关,而环境因素包含着极其丰富的内容。首先是指实验室的物质环境,如实验室的仪器设备的使用状况,实验物质的浓度、纯度等等。其次,实验室的地方性特质。实验室的日常实践往往会受到当地一些政策或"官方"的办法的影响。举例来说,某实验室有一个基本的规定,就是禁止雇员在下午 4:30 以后或周末进行测试,于是由此产生的科学论文与这个时段相关的数据则显示空缺。此外,有些地方的政府部门为某些实验操作制定了特定的标准,如在实验室中应该选择哪种物质,物质的数量多少,做实验的时间应该是多长等等,这些都会导致不同地方的实验室所做的实验在结论上存在着差异。第三,实验室的规则与权

---

① Karin Knorr Cettina. The Manufacture of Knowledge[M].New York:Pergamon Press,1981:34.

力等。例如,某实验室有一台极其昂贵的大型设备,但关于这台设备如何使用则由实验室领导来决定,领导可能制定实验室的相关规则,而这些规则往往会随着权力的改变而改变。

正是由于实验室科学家的日常选择受到工序的机会主义、当地的特质以及社会与境等等的影响,科研成果也就表现为一种与选择相关的复杂合成物。换言之,随着实验室的境况偶然性和与境定位的变化,实验室选择的索引性也将发生改变。同样清晰的是,实验室的选择一旦演变为最终的成果,那么这种成果将与其选择的偶然性和与境性不可分离,这实际上反映出科学知识具有地方性和特异性的特点。

(三)解释之三:事实建构的创新与选择

由于实验室与境的偶然性或不确定性,导致了科学家选择的随机性和多样性,这也是科学事实之所以是建构的一个主要原因。然而,在诺尔一塞蒂纳等人看来,实验室与境的偶然性对科学发展而言并没有什么坏处,反而有时候还会导致科学的创新。换言之,不确定的影响不再被看作是纯粹破坏性的,它不是信息传递过程中的"噪音",也不再像遗传密码中妨碍正常的生物复制的"错误",或者像热力学系统中的"紊乱"。相反,人们认为,不确定性对日益复杂的系统的进步性组织而言是绝对必要的条件,尽管存在着局部的信息错误或信息丢失。①

诺尔一塞蒂纳借助遗传密码的复制来解释上述观点,在诺尔一塞蒂纳看来:"人们认为遗传密码复制中出现的错误是导致突变的原因。然而,这种发生在(严格复制中)遗传层次上的随机事件,可能借助某种变异而使物种受益,这种变异相比原来的种群而言能更好地适应不断变化的环境条件。这些物种通过结合一种有序的突变……而'重新建构'自身。"②与生物的某些突变可能会走向好的结果一样,科学知识也是一种被渐进地复杂化建构或重构起来的知识。在诺尔一塞蒂纳看来,这里的复杂过程具有两个相互关联的方面:"一方面,科学具有建构'新的'信息的能力,即产生创新的能力;另一方面,通过对问题提供解决方案而对问题的挑战做出回应,科学明显地越来越能够建构和重新

---

① Karin Knorr Cettina. The Manufacture of Knowledge[M].New York:Pergamon Press,1981:10.

② Karin Knorr Cettina. The Manufacture of Knowledge[M].New York:Pergamon Press,1981:10.

建构它自身。"①

然而,在科学家的日常科学实践中,虽然他们经常面临着诸多选择,但他们在做出选择时也不是完全随机的,而是朝着某个目标迈进。换言之,科学成果本身是实验室复杂建构的结果,但这种建构方向很明确,其目标就是得到创新性的成果。从这个意义上说,创新是有意图的定向研究的结果。虽然实验室存在着诸多的偶然性,但是科学家却想方设法将这种偶然性整合到生产创新性成果的过程中来,而如何整合这些偶然性则与科学家既有的知识和经验有关。例如哪些研究该做、哪些研究不该做、哪些地方该忽视、哪些地方可以进行大胆的猜测等等。为了得到创新性的成果,科学家还会对具有高度选择性的材料加以修补,以实现预期的目标。简言之,科学家可能为了追求创新性的成果而对实验室的各种偶然性加以取舍和整合,即对这种偶然出现的新信息进行建构或重构,在科学家个人努力创新的过程中,不存在非定向的或纯粹随机的事件。需要指出的是,实验室的选择不是与个体做决定相关联,而应被看作是社会互动和磋商的结果。同时实验室的成果与实验室的"思想"是这样一种社会事件,即这些事件是在与其他人的相互影响和相互磋商中产生的。从这个角度来说,实验室成果或是科学事实的产生都有一个社会建构的过程,不过这种建构有时因为对偶然性的把握得当而孕育了科学的创新与进步。而一旦这种创新性成果被做出,选择过程中的与境性因素就会被封存起来。正如诺尔-塞蒂纳所言:"当科学家把这种偶然性和与境性选择转化成'发现成果',并在科学论文中加以'报道'的时候,科学家自己实际上就把自己的研究成果非与境化了。"②拉图尔和伍尔加也指出:"一旦一个最终产物、一个铭写被获得,导致这种产物的所有可能性的环节都将被遗忘。图表或者数据单变成了在参与者之间讨论的焦点,产生这些图表和数据的物质性过程要么被遗忘,要么被作为纯粹的专业事物被视之为理所当然。"③他们甚至走得更远,以致做了这样的陈述:"事实除了是一个没有

① Karin Knorr Cettina. The Manufacture of Knowledge[M].New York:Pergamon Press,1981:11.

② Karin Knorr Cettina. The Manufacture of Knowledge[M].New York:Pergamon Press,1981:47.

③ Bruno Latour&Steve Woolgar. Laboratory Life[M].Princeton:Princeton University Press,1986:63.

情态和没有作者痕迹的陈述之外什么也不是。"①

从以上三个方面的分析可以看出,科学事实是在实验室内进行的一种社会建构,这种建构渗透着决定,有时还可能导致科学的创新。实验室的日常实践不在于获得关于自然的真理,而只是一种使事物成功运行而采取的权宜性的选择罢了。

(四)科学事实的建构过程——以 TRF(H)的建构为例

科学事实的实验室建构究竟经历了一个怎样的过程,拉图尔和伍尔加给出了很好的回答。在他们合著的《实验室生活》中,两位作者用了独立一章 50 多页的篇幅以"制造事实:促甲状腺素释放因子[TRF(H)]个案"为题从微观的角度详细地分析了科学事实在实验室的复杂建构过程。在他们看来,实验室是一种文献记录系统,其目的在于证实,一个陈述就是一个事实。他们的目标非常明确:"我们并不想写历史事件准确的编年史,也不想知道'历史上真正发生了什么'。我们同样不打算从历史的角度去阐释'释放因子'有什么发展。更确切地说,使我们感兴趣的就是证明一个原始的事实怎样能够从社会学角度加以解构。"②按照这种思路,他们开始了对促甲状腺系释放因子[TRF(H)]的详细考察之旅,下表提供了关于[TRF(H)]是否存在从开始的不确定到最终被确定的时间(表 3-1)。

结合表 3-1,依据拉图尔和伍尔加考察的线索简要分析如下。事实上,关于 TRF(H)的研究由吉耶曼教授和沙利教授所领导的团队分别展开。他们分别对猪脑和羊脑中的某种提取物[被称为 TRF(H)]加以研究,由于 1962 年以前研究者还不确定 TRF(H)是否存在,故关于提取物的研究主要集中在仪器安装和提纯等方面,一直等到所谓的 TRF(H)的获得。1962 年之后,吉耶曼认为 TRF(H)应该存在,猜测它是一种源于下丘脑的肽,并准备利用化学分析方法来确定其构成的氨基酸序列。此时,TRF(H)的存在仍为一种主观假定。1966 年前后,研究取得很大进展,相当纯的所谓的 TRF(H)已经可以得到。但吉耶曼发现,通过酶实验均不能对 TRF(H)的生物活性造成破坏,由此他认为"TRF

---

① Bruno Latour&Steve Woolgar. Laboratory Life[M].Princeton:Princeton University Press,1986:82.

② Bruno Latour&Steve Woolgar. Laboratory Life[M].Princeton:Princeton University Press,1986:107.

(H)可能不是肽"。在此期间,沙利小组的研究与吉耶曼相似,断定这种新物质是一种激素 TRH。但事实上,沙利小组早在 1966 年就发现 TRF(H)含有 His、Pro 和 Glu 三种氨基酸,并且这三种氨基酸只占 TRF(H)总量的 30%,但由于他们屈服于吉耶曼的权威,无视三种氨基酸的存在,得出了与吉耶曼相同的结论:"TRF(H)不是肽。"因为两个小组均主张"TRF(H)不是肽",导致之后的一段时间关于 TRF(H)的研究方向发生了重大改变。此后,美国卫生研究所拟召开一个评审会议,会议的主题就是讨论是否继续资助 TRF(H)的化学分析项目。吉耶曼通过个人影响设法将该会议的召开时间拖到了 1969 年 1 月,并通过该会议公布了他领导的小组独自做出的新发现:由于 TRF(H)含有 His、Pro 和 Glu 三种氨基酸并占总量的 80% 之多,所以可以确定"TRF 是肽"。他的这一结论获得与会专家的认可,导致该项目的研究重点发生进一步的变化,从关注 TRF(H)是什么转变成具体分析 TRF(H)的化学成分。更具体地说,就是将各种可能的 TRF(H)序列同天然的 TRF(H)进行比对,看它们在仪器设备(铭写装置)上产生的结果(铭写符号)是否相似。此时,铭写装置的选择就显得极其重要。

表 3-1 TRF(H)的建构时间表[①]

1962 年以前	有 TRF 吗?	
1962 年之后	有 TRF。 它是什么?是肽(peptide)	
1966 年前后	它可能不是肽。 它不是肽。	
1969 年 1 月	它是肽。	它含有 His、Pro 和 Glu
1969 年 4 月		它是 R－Glu－His－Pro 或是 R－Glu－His－Pro－R 它不是 Pyro－Glu－His－Pro－OH 也不是 Pyro－Glu－His－Pro－OMe 也不是 Pyro－Glu－His－NH_2
1969 年 11 月		TRF 是 Pyro－Glu－His－Pro－NH_2

---

① Bruno Latour&Steve Woolgar. Laboratory Life[M]. Princeton: Princeton University Press, 1986: 147.

1969年4月,各种铭写装置被应用到该研究中,得到的结果也不尽相同,如表格相关部分所示。1969年9月,沙利小组使用薄层色谱仪测得TRF(H)的化学序列是Pyro－Glu－His－NH$_2$,与天然的TRF(H)相比,两者在薄层色谱仪上所产生的谱线差异甚小。但吉耶曼小组认为这一差异不能忽略,进而否定了沙利小组的结论。1969年11月,吉耶曼小组使用具有原子水平的质谱仪,使合成的Pyro－Glu－His－Pro－NH$_2$与天然的TRF(H)产生出了完全相似的光谱。最终,通过质谱仪这种铭写装置的使用彻底结束了这场争论,确定了TRF(H)的结构。

通过对促甲状腺素释放因子的存在及其结构的考察可以看出,事物是否存在与所选择的仪器密切相关,正如拉图尔所言:"事实上,现象只取决于设备,它们完全是通过实验室所使用的仪器制造出来的。凭借记录仪,人们完全可以制造出人为的实在,但制造者却将人为的实在说成是客观的实体。"[1]在研究中,研究小组之间的争论与磋商可以加快或延缓研究的进程,研究者的磋商与共识的达成将建构出新的实体,而不是先在的实体等着研究者去揭示。这种与社会因素密切相关的磋商往往对科学结论的得出施加干扰,导致科学知识往往打上社会因子的烙印。

在这个案例中,有一个重要的关节点,那就是关于非释放因子从"陈述"到"事实"之间的变形,这种变形是如何发生的呢?拉图尔和伍尔加做了这样的描述:

在稳定之前,科学家们讨论陈述;当稳定出现时,对象和关于对象的陈述同时出现。不久人们越来越多地认为对象具有实在性,而越来越少的人认为关于对象的陈述具有实在性。这样就出现了一种颠倒:对象成了最初提出陈述的理由。在稳定的初期,对象是陈述的潜在的形象,陈述因此成了"外在的"实在性的镜子中的影像。……与此同时,历史颠倒过来了。TRF(H)始终存在着,它无非有待人去揭示。……一旦发生分裂和转化,最玩世不恭的观察者和顽固不化的相对主义者

---

① Bruno Latour&Steve Woolgar. Laboratory Life[M]. Princeton: Princeton University Press, 1986:64.

将极难抵制以下印象：人们已经发现了真正的 TRF(H)，陈述反映了实在。①

TRF(H)的构造史表明科学事实或"自然"只是构造的结果，先在的自然并不能说明科学事实的产生。由此，拉图尔指出："由于一个争论的解决是自然图像的原因而不是其结果，因此，我们永远不能用自然这个结果来解释一个争论是如何解决和为什么被解决了的。"②在他们看来，除了陈述可以转变为事实外，相反的过程也有可能发生，实在也可能被解构为一个陈述。

林奇就拉图尔和伍尔加对以上案例的分析做了很好的总结："(1)在他们重建科学事实的发生时，尝试不使用关于'外部实在'的先见之想；(2)将科学活动视为一种操作陈述的活动；(3)把科学事实界定为通过操作其他陈述而产生的陈述；(4)将陈述形式等同于认识论关系。"③

结合以上理论和案例分析，可以看出，实验室研究者将科学事实的出现看作是一种与社会因素密切相关的实验室建构过程。在建构事实的过程中，与实验室相关的一些与境因素被揭示出来，正是受这些因素的影响，科学家的活动才具有了复杂的动机。但是建构事实只是实验室实践的一个方面，科学家要想将实验室建构的科学事实固定下来，往往还需要通过论文等方式公开发表，以促使这种被建构的主观事实尽快转变为一种广为接受的客观事实。

---

① Bruno Latour&Steve Woolgar. Laboratory Life[M]. Princeton：Princeton University Press，1986：177.伍尔加后来对上述"变形"过程有一个更简明的一般概括，称为"五阶段模式"：(1)文件(document)，在这个阶段，科学家得到了一些文件踪迹(如图表、照片、谱线或已出版的论文)；(2)文件→客体，即科学家将所得文件设想为一个存在的特定客体；(3)文件与客体分离，客体被认为是独立于文件而存在的实体；(4)文件←客体，或倒置，在这个阶段，文件被赋予"表述"特性，即它不再仅仅是文件，而是表述某物的文件；(5)否认或遗忘阶段(1)至(3)，即重写"发现"的历史，以便赋予所发现的客体以本体论基础。伍尔加的思想背景与常人方法论联系得较为密切，他的"文件"概念就借自加芬克尔，意指所有解释者都必须由之入手的那些外在的、可见的语言符号。

② Bruno Latour. Science in Action：How to Follow Scientists and Engineers Through Society[M]. Milton Keynes ：Open University Press，1987：99.

③ Michael Lynch. Scientific Practice and Ordinary Action[M]. London：Cambridge University Press，1997：96.

三、科学论文的实验室建构

在 SSK 看来,不仅科学事实是实验室建构的产物,科学论文也不例外。[①] 一般认为,科学论文是科学研究成果的重要体现方式之一,科学论文是客观、严谨和理性的化身,其论述必须以观察和实验获得的经验事实为依据,杜绝修辞和润饰。一篇科学论文质量的优劣可以通过该专业的评审人及科学共同体做出,并在以后的实践中接受进一步的评价。正如波普尔关于科学发展模式的四段图式所说的那样,关于科学问题的尝试性解决方案不仅先要接受"前验评价",还得接受"后验评价"。由此可见,科学论文不管是写作还是评价都应该是严谨的,都要接受社会各方面因素的制约,有没有修辞并不会影响论文的质量。

实际情况果真如此吗? 作为 SSK 实验室研究的一个重要内容,诺尔－塞蒂纳的《制造知识》用了整整一章的篇幅,并以"作为文学推理者的科学家或实验室理性的转换"为题,详细阐述了科学论文在实验室中从初稿到终稿的复杂建构过程。在前面的分析中,研究者通过对实验室日常实践的考察,发现科学成果的获得与实验室的与境和科学家偶然的选择性密切相关,这导致科学事实是一种社会的建构。而撰写论文作为实验室研究的另外一个部分,在诺尔－塞蒂纳等人看来:"论文是对实验室的一种建构,完全类似于其他的实验室建构。"[②]由此,科学论文与科学事实一样,也是社会建构的产物。那么,作为科研成果之一的科学论文究竟是如何建构出来的呢? 在诺尔－塞蒂纳看来,书面论文的这种建构的特点可以通过两种对照的方式体现出来:第一种是实验室日常实践的杂乱无序与科学论文的严谨有序的对照;第二是科学论文合乎修辞标准的行文风格与个性差异或风格卓越的人文社会科学作品的对照。在这两种对照过后,科学论文的写作过程或说是科学论文的建构过程将会随之呈现出来。

---

① 邱德胜,任丑.科学家如何建构科学论文:兼议实验室研究视域下的科学论文观[J].云南民族大学学报(哲学社会科学版),2013(3):146－149.本节在该文基础上做了修改和补充。

② Karin Knorr Cettina. The Manufacture of Knowledge[M].New York:Pergamon Press,1981:94.

(一)无序与有序:科学实践与科学论文的双向互动

由于实验室与境的复杂性与易变性以及科学家选择的机会主义特点,实验室实践经常给人一种杂乱无序之感,而科学论文往往体现出逻辑严密、语言规范的特点。那么,这种无序的实验室实践与这种有序的科学论文的写作实践之间到底是什么关系呢? 在诺尔—塞蒂纳看来,在实验室中,科学的推理以原始的纯粹性展示出它所关心的问题,但在科学论文中,实验室的原始推理者似乎改变了他们的信仰。换言之,实验室的实践是一种使事物的运行得以成功的关切,而科学论文则是以说服读者为目的。正是由于这二者之间的巨大差异,科学论文往往在其驯服、温文尔雅的表面之下隐藏了很多东西。正如诺尔—塞蒂纳所言:"首先,虽然它的目的在于就实验室中的某项研究给出一个'报告',但发生在实验室里的许多事情却被它有意地忘记了。其次,某项研究的书面成果往往会运用大量的未被读者注意到的文学策略。"①由此可见,为了说服论文的读者,论文在出笼之前已经做了精心的编排。在本部分我们主要关注第一个方面,也就是科学实践如何转变为一篇具有说服力的研究报告或科学论文,在下一部分再来关注科学论文的修辞学特征。

科学论文的说服力不仅在于语言的熟练运用,还在于它是对实验工作的一份报告。但是实验室的实践与实验报告或科学论文之间的联系并非通过认知转化规则建立起来,也就是说,科学论文并不是对实验过程的简单描述。换言之,科学家们在写论文手稿时,并不是先回忆整个实验的过程然后对记忆的内容进行总结。在诺尔—塞蒂纳看来:"论文和实验室之间的联系往往是通过实验室工作中记录下来的各种线索建立起来的,这种线索不断在实验室工作中产生,并形成论文建构所依据的原材料。通过这种生产的双重方式(double mode of production)而非认知的转化,研究活动的动态过程与论文的文学技巧之间的桥梁建造起来了。科学论文是这种生产的双重方式的产物,而不是其反映和总结性的描述。"②由此看来,实验室实践与科学论文的实践之间是一种动态的双向重建关系,科学实验为科学论文提供了基础的数据或原

---

① Karin Knorr Cettina. The Manufacture of Knowledge[M].New York:Pergamon Press,1981:94.

② Karin Knorr Cettina. The Manufacture of Knowledge[M].New York:Pergamon Press,1981:130.

材料,而科学论文为科学实验提出了新的要求,以满足论文进一步推理的需要。这种情形与拉图尔与伍尔加在《实验室生活》中描述的场景相似。在萨尔克实验室,办公区的科学家日常的工作就是分析数据、写作论文。而论文的写作主要基于两类材料:一类是来自实验区的数据,第二类是已刊发在 science 杂志上的论文。此外,办公区的科学家还经常会找实验区的科学家交代一些事情,而相反的情景则很少发生。正是基于实验室科学家的不同分工,实验区实验过程中的与境性与偶然性因素在办公区进行的论文写作中才不会表现出来。

如果说在萨尔克实验室是因为实验室的不同分区造成了科学论文对实验室与境的隐藏,那么即使一位科学家既参与实验也写作论文,实验室的这种复杂的与境性因素也不会在论文中体现出来。因为科学家非常清楚自己的论文要能说服读者,必须使科学论文的结构非常严谨,论文的结论是经推导得出的,而不是偶然遇到的。在这样的思维指导下,论文的论证顺序有时候可能与实验室发生的情况截然不同。就如诺尔—塞蒂纳在她的作品中所说的案例那样,在实验室中,科学家通过新的研究思路抓住一个偶然出现的成功机会,而在论文中,科学家却说是因为社会等方面的需求推动着他们去做这种研究,此时研究的过程与论文的逻辑线索出现了倒置。基于对实验室实践的部分线索的重建,科学论文已经具有了主观建构的痕迹。但实际上,现实与境要复杂得多。与实验室以及科学家相关的社会因素不仅会作用于实验本身,同时也会作用于科学论文的写作。由此,科学论文的建构将会受到双重与境的影响,第一重来自于实验室的日常实践,第二重来自于论文建构的过程,而经常出现的情况是,这两重因素还会发生密切的关联,这就使得科学论文的建构性特征更为明显。而科学家为了抹掉这种建构的痕迹,使他们的论文看起来更加有序,往往会采取一些修辞的技巧,而这将是我们接下来探讨的话题。

(二)求真与修辞:科学论文的双重脸谱

"吾爱吾师,吾尤爱真理"反映了亚里士多德勇于求真的精神。伽利略也指出,与讲究形式、辞藻华丽的修辞相比,科学朴实而不张扬,科学的力量在于它求真的本质。而这些观念在实验室研究过后,几近于被颠覆。拉图尔和诺尔—塞蒂纳等人不仅否定了科学求真的本质,而且揭示了科学论文的建构性质,因为论文与修辞之间存在着隐秘的联系："修辞学不仅是形成科学论文常规的、一般的手段，而且也是科学行动的基本要素和重要组成部分。"①

科学论文的修辞如何体现出来呢？诺尔－塞蒂纳认为，与实验室大量变动不居的推理相比，科学论文具有更为理性的形式，它往往通过页码、段落提供的结构来表明这种理性的流动。科学论文的结构会通过其标准形式体现出来，这种标准形式是："论文的扉页把论文置于某一特定作者与特殊（科学）组织、某一特定期刊以及由论文题目和每页连续出现的简要标题所双重决定的主题的交叉点上；下一页重复了除组织名称之外的所有内容，依次包括内容摘要、简介、材料和方法、结果和讨论各部分，再接下来便是参考资料、致谢及一堆表格和图表。"②这种文学策略或修辞是如何运用到科学论文的写作之中的呢？诺尔－塞蒂纳通过对一篇论文的终稿和初稿的比较，得出了这样的印象："终稿隐匿了初稿中的戏剧性重点和开门见山的特点，如果我们再做进一步考察，将会发现这种隐匿归因于终稿采取了一系列与初稿的修辞意义截然不同的修改的缘故。"③通过比较，诺尔－塞蒂纳发现有三种修改策略在初稿到终稿的转化中起作用："删除原稿中的某些特殊陈述；改变某些论断的形式；改组最初的陈述。"④具体来说，删除那些要么是本质上加强某一观点的论点，要么是被看作"论证不充分"或危险的断言；将必然性的陈述变为可能性的陈述，将断然主张普遍性的改为勉强断定，对原文剩余的陈述进行重组。通过删除、改变、重组等一系列环节，论文具有了全新的段落结构，它不再按照从一般到具体的顺序，相反，新的段落组织形式是被套入的，即原来的主题后来都得到了讨论。此时的论文表面看来条理更加清晰，逻辑更为严密，说服力也更强。

在拉图尔看来，论文的修辞也可以通过另一种方式体现出来，那就是论文的作者往往会引用大量的参考文献作为其理论的依据。科学论

①　布鲁诺·拉图尔.科学在行动——怎样在社会中跟随科学家和工程师［M］.刘文旋,郑开,译.北京：东方出版社,2005：译者前言,9.

②　Karin Knorr Cettina. The Manufacture of Knowledge［M］.New York：Pergamon Press,1981：99.

③　Karin Knorr Cettina. The Manufacture of Knowledge［M］.New York：Pergamon Press,1981：102.

④　Karin Knorr Cettina. The Manufacture of Knowledge［M］.New York：Pergamon Press,1981：102.

文引用参考文献不仅仅为了借用别人的声望和权威,更重要的是取得数量上的优势。如拉图尔所言:"一篇没有引证的论文就像一个孤独的孩子,深夜独自行走在陌生的大都市里,他也许会走失,也许会碰到任何可能发生的事情。与此相反,攻击一篇充斥脚注的论文,意味着持异议者必须削弱被他引证的每一篇论文,或是至少将被威胁着必须这么去做。"①一个成功的作者应该用文本以及与文本相关的大量资料来说服读者,从而使读者陷入孤单的境地,如果读者试图反对作者的观点,那他面对的将是一堵引文之墙。

由此看来,科学论文一边以条理清晰、逻辑严密显示其求真的一面,一边又以注重修辞、精心雕琢隐藏其建构的另一面。这一方面反映了科学论文的双重脸谱,另一方面也揭示了论文作者的复杂动机,因为在他们的身后有一张巨大的利益之网。

(三)修改与掩饰:从利益分合到与境重建

对科学论文终稿与初稿的比较分析是考察其修辞学运用的最好办法,然而,单纯对初稿和终稿的分析很难说明作者修改的与境和动机,故对修改过程的考察也显得十分重要。事实上,诺尔—塞蒂纳跟踪分析的这篇论文,在作者定稿之前,已做了多达16次的修改。在诺尔—塞蒂纳看来,论文的终稿不仅是作者的劳动成果,也凝聚了其他评论者的心血,因为作为论文的评阅者,他们的意见也被考虑在论文之内。这正如她所言:"改写初稿的过程,好比就是作者与评论家之间的谈判过程。这种动态过程本身就很有意思,因为评论和批评并存,使得从一稿过渡到下一稿并不那么顺利。"②然而,如果评论家仅仅考虑论文的语言或论证的有效性,对作者或论文本身采取的是一种中立的态度,不带有任何感情色彩,这种评价对论文向求真性、严谨性的方向发展当然是有利的。但事情往往并非如此,在论文的修改过程中,作为评论家、批评家的那些人不仅仅是作者的朋友,想帮助他预料到并避免负面的反应,而且他们也是作者的反对者,经常在交叉的网状系统内致力于相似课题的研究,还要为自己(及与己相关的人)的重大利益关系辩护。正因

① Bruno Latour. Science in Action: How to Follow Scientists and Engineers Through Society[M]. Milton Keynes: Open University Press, 1987: 33.

② Karin Knorr Cettina. The Manufacture of Knowledge[M]. New York: Pergamon Press, 1981: 105.

如此,作者与评论家之间存在着利益的博弈和论战,而这种博弈和论战会通过论文的修改在字里行间体现出来。因而,论文的多次修改并非仅仅是一种表象上的改变,它蕴含着实实在在的利益的融合和分裂。论文从初稿到终稿转变的过程,就是不同利益的个人、团体之间进行博弈、妥协的过程。在诺尔-塞蒂纳看来:"考虑到论文写作过程中鉴定专家的数量,我们足以断定,初稿的写作往往遵循相关的写作惯例,而发表之后的论文其特征必须被视为是作者们与批评者们之间相互磋商的结果,在此过程中,技术方面的批评和社会支配性不可分割地联结在一起。"[1]论文一旦发表,论文建构过程中的与境性因素将被消除,而呈现给读者的是一种重建之后的新的与境,那就是论文的目标,就是追求严密论证后的必然结论,而丝毫不受其他因素的影响。通过这种与境的重构,论文的文学意图、作者与其他人之间的商谈、权力的干预以及对规则的改变都将随着论文的发表而得到掩饰。

综上,科学论文不仅从实验室的无序变为论文结构的有序,而且以标准的格式展示其求真的表象,但实际上论文的生产过程遭遇着纷繁复杂的与境因素,而这些在论文的读者看来,论文建构背后的与境只是一个无解的谜。

四、实验室建构的驱动力——增加可信性

科学家为什么要建构科学事实和科学论文? 他们的动机是什么? 从前面的分析可以看出,科学家的动机来源于对事物运行成功的关切,这种说法虽然没错,但未免过于简单。通过拉图尔和伍尔加的分析,他们得出了更为细致的结论,科学家建构实践的动力主要源于对可信性增长的追求,实现可信性的增长主要有两种方式:第一是可信性的原始积累;第二是实现可信性的循环。

(一)可信性的原始积累

在拉图尔和伍尔加看来,科学家从事科学研究的动机主要源自于他们对可信性增加的追求。要理解他们的观点,可以从对功绩的探讨开始。在拉图尔看来,功绩(Credit)是激励实验人员的主要因素。对研

---

① Karin Knorr Cettina. The Manufacture of Knowledge[M].New York:Pergamon Press,1981:106.

究人员功绩的承认可以通过两种方式体现出来：第一是研究人员获得一定的奖励（Reward），第二是研究人员的可信性（Credibility）获得提高。在拉图尔和伍尔加看来，研究人员在其日常生活中谈到的功绩主要包括四重含义：第一，功绩是一种商品，可以交换。如吉耶曼在信中写道：对于你允许我在将来的报告会上使用（你的）这些幻灯片我再次表示感谢。毫无疑问，请放心，我会让大家知道我是引用你的成果。第二，功绩可以共享。如一位研究人员所说：吉耶曼与我共享了他的大部分信誉，他十分慷慨友好，因为当时我只不过是一个初出茅庐的新手。第三，功绩可能被窃取。如：他说"我的实验室"，但这不是他的，这是我们大家的；我们将做所有的工作，但是他却因此得到功绩。第四，功绩可以积累和被损坏。① 但是，通过对研究人员的日常行动和语言的研究，拉图尔发现，他们对暂时获得奖励的功绩并不特别看中，而追求作为可信性的功绩才是最为根本的动因。

何谓功绩（Credit）？在拉图尔看来，牛津字典对功绩的理解除了涉及对功绩的确认之外，还有以下义项：（1）一般人们所相信的……具有可信任的属性；（2）源于他人的信任而形成的个人影响；（3）在商业往来中，支付能力和诚实的声誉，这声誉可以使某人或组织在未来期待的偿付中，在资金或金钱方面被认为是值得信任的。② 与此相关，虽然奖励和可信性都是功绩的表现形式，但"功绩—奖励"与"功绩—可信性"之间还是存在着很大的不同。"功绩—奖励是以奖励机制为依据的，这些奖励象征着同行对科学家以往科研业绩的认可；而功绩涉及的则是科研人员从事研究工作的实际能力"。③ 由此看来，奖励主要归于过去，而可信性归于现在，它是一种实际能力的体现。那么，科研人员是如何积累最初的可信性，并为以后可信性的循环奠定基础呢？

在拉图尔等人看来，科研人员的初始可信性的获得与他们的学习经历、职业生涯等因素密切相关。就学习经历而言，研究者是从哪里获得的学士、硕士以及博士学位，在哪里从事博士后研究，他所学习的学校或研究所在本领域是否处于领先地位或先进水平；就职业生涯或研

① Bruno Latour & Steve Woolgar. Laboratory Life[M]. Princeton：Princeton University Press，1986：192.

② Bruno Latour & Steve Woolgar. Laboratory Life[M]. Princeton：Princeton University Press，1986：194.

③ Bruno Latour & Steve Woolgar. Laboratory Life[M]. Princeton：Princeton University Press，1986：198.

究经历而言,研究者做过哪些研究,取得了什么样的成就,在哪个研究机构获得过何种研究职位,甚至他与谁共事、有怎样的关系网等等。研究者的学习经历和职业生涯可以反映研究者的研究潜力,也为未来初始可信性的积累奠定了基础。一个背景很好的研究者相当于得到了学界的初步认同,他可以比较顺利地进入一些研究机构。但这还远远不够,要使其可信性的原始积累增加到可以循环的水平,还得做出足以让人信服的高质量的成果。而如何来衡量研究成果质量的高低,他们一般通过该成果的引证数量来评判。拉图尔考察了 1969—1976 年间萨尔克实验室几位主要科学家所发表的论文每年被引用的总次数,并做出了图 3-1。

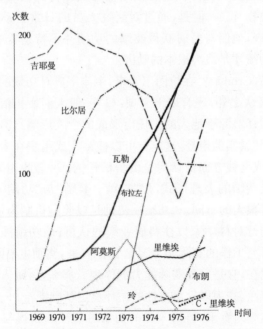

图 3-1 1969—1976 年萨尔克实验室主要成员每年论文被引用总次数示意图①

现结合萨尔克实验室的具体情况对图 3-1 略加分析。事实上,作为萨尔克实验室的领导,吉耶曼在 1952 年到 1969 年期间积累了雄厚的可信性资本,因为他占据了独一无二的释放因子领域,并创立了随后 25 年可以通用的方法和一套严格的规范。据此,他被选入科学院,获得的资金也越来越多,并邀请了一个具有辉煌职业生涯的实验员比尔居加

---

① Bruno Latour & Steve Woolgar. Laboratory Life[M]. Princeton: Princeton University Press, 1986: 225.

入他的群体。因为萨尔克实验室拥有世界上最为先进的设备以及像吉耶曼这样高信誉的科学家,所以在1969—1972年实验室群体发表论文的引证数大大增加,只是吉耶曼个人的引证数在1970年以后稍有下降。从1972年到1975年,由于一种新物质研制的失败,导致群体内部的结构发生了变化。同期,整个群体的引证数大大下降,吉耶曼论文的引证数在1975年甚至降到了最低谷。与此同时,生理学部瓦勒的论文引证数却在不断攀升,这意味着他的可信性在增加,随后,瓦勒取得了生理学部的领导权。而吉耶曼则由于可信性的减少被降格为实验室一般研究人员。但是,在很短的时间,吉耶曼又做出了非常有价值的成就,1975年之后不久,他的论文引证数再次攀升,其可信性也随之增加,由此,吉耶曼再一次获得了与研究释放因子时期相当的职位。

(二)可信性的循环

一旦科研人员获得足够的功绩,完成了可信性的原始积累,他将会利用这些功绩去做进一步的"投资",此时的投资并不限于金钱,还包括研究者的时间、精力以及其他诸多的方面。通过投资,推动功绩的循环,而这种循环的根本性质在于获得再投资——功绩之后的再收获。从这个意义上说,功绩的投资与收获只不过是循环中的两个节点,真正的目的在于使循环的范围不断扩大,从而获取更多的可信性。功绩的循环也可以理解为是可信性的循环,追求功绩扩张的过程也即追求可信性增加的过程。拉图尔等仔细考察了可信性循环的各个方面,并给出了如图3-2的循环图。

从图中可以看出,科学研究者将前期研究所获得的奖励以及个人的津贴、货币或设备等作为资本投入可信性的循环中,通过研究,一系列的数据、论据、论文、解释等被生产出来,由此会获得新的奖励,这些奖励连同研究者获得的津贴、货币等又作为新的资本重新投入下一轮的循环之中。由此,科学家的可信性随着生产与扩大再生产的进行而获得不断的增加,当然,科学家的功绩(包括奖励和可信性)也会随之增加。

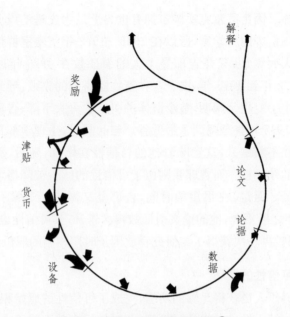

图 3-2　科学家的可信性循环图①

　　综上所述,在拉图尔等人看来,科学家日常研究的主要驱动力来自于他们对可信性增加的追求。而增加可信性的过程可以分为两个时期:第一个时期是可信性的原始积累时期。科学家通过承担科研项目或者发表论文等方式,获得初步的可信性;第二个时期是可信性的循环时期。科学家将原始积累获得的可信性作为资本投入可信性增长的新的循环中,实现可信性的进一步增加。这与马克思关于资本的生产和再生产极为相似,唯一不同的是,马克思的资本的生产与再生产仅仅是为了获得经济利益,而科学家可信性的生产与再生产是为了获得可信性的增加。可信性的增加意味着科学家能获得更多的项目、资金、技术、人才、声望以及职位的晋升等等。值得指出的是,基层科学家一旦晋升为实验室的领导,他的职责便发生了转变。他的主要工作不再是生产数据和突破实验,而是保证科研在有回报的领域里顺利地运行,保证产出的数据可靠,实验室能够获得更多的功绩、资金和合作,并使原来积累的足够的可信性能顺利地从一种形式转化为另一种形式。从这个角度看,科学家一方面是科学家,一方面又是政治家和谋略家,就如

────────────

　　①　Bruno Latour & Steve Woolgar. Laboratory Life[M]. Princeton: Princeton University Press, 1986:201.

拉图尔和伍尔加总结的那样："十分明显的是，一些社会因素诸如地位、身份、荣誉、委任以及社会处境等等都是获取有效信息、增加自己的可信性的战斗中常用的资本。但是，如果说科学家一边投入艰辛的、合理的科学生产中，一边在精心策划着他们的投资，这确是一种迷惑人的说法。实际上，只有那些谋略家们才不断地选择恰当的时机，冲向可靠的信息。……他们的政治家、谋略家的素质越高超，他们提出的科学理论越高妙。"①由此看来，科学家对可信性增加的追求并非对真理的追求，甚至他们对自己研究的主题也不感兴趣，唯一感兴趣的是如何在可信性的循环增长中获得丰厚的回报。

五、对社会建构论及其实验室研究的批判性评价

　　SSK 尤其是实验室研究将科学知识的内容作为其研究的对象，并对其采取自然主义与经验主义的研究方法，这无疑对于打破科学的黑箱，揭开科学的神秘面纱具有重要意义。但是，SSK 的实验室研究把人类或社会因素看作是科学知识形成过程中的决定因素，认为科学知识也是一种社会建构的产物，自然在知识的形成过程中基本不起作用，这难免有失公允。在 SSK 看来，科学知识的生产受到普遍的科学方法的支配只不过是一种好的理想或乌托邦，在科学中没有普遍一致的标准。社会学家所从事的哲学实践不是要建立一种替代理性主义知识哲学的相对主义哲学，而是把一种相对主义的知识哲学转换为一种经验主义的知识社会学，因此，他们以自然主义与经验主义作为其理论拓展的方法论进路。SSK 学者认为，脚踏实地的经验社会学研究进路远远优于抽象的哲学思辨进路，如果我们能够深入科学发展的历史丛林，将会得到更多支持社会建构论的证据而不是相反。因此，在 SSK 的实验室研究看来，科学知识并没有所谓的客观性、实在性、普遍性等传统科学哲学认为的特点，而是与文学、艺术等并没有什么本质的不同，这无疑走向了另一个极端。由此，对 SSK 的实验室研究既要看到其积极的一面，又要看到其不合理之处，进而加以有力的批判。基于以上看法，接下来从几个不同的方面对 SSK 的实验室研究做出一些批判性评价。

---

　　① Bruno Latour & Steve Woolgar. Laboratory Life[M]. Princeton: Princeton University Press, 1986: 213.

(一)研究目的的理论预设性

拉图尔等人的实验室研究将社会建构论作为其理论预设,他们对实验室所进行的人类学考察有一个基本的认识论目的,那就是证明科学知识也是一种社会建构的产物,他们所要做的就是在科学知识生产的现场——实验室去找寻社会建构论的第一手证据。正如拉图尔在《实验室生活》第二版的后记中所承认的那样,他在进入实验室之前就形成了一种基本的看法,即科学知识是受社会因素制约的,他在实验室所从事的人类学观察只是收集详尽的材料而已。而对于诺尔—塞蒂纳的《制造知识》来说,这种理论预设的特点更为明显,整本书都是以社会建构论为其理论展开的线索,甚至她本人都自称是贴了标签的社会建构论者。实验室研究者由于将社会建构论作为其理论的预设,这就如同汉森和库恩所说的"观察渗透着理论"一样,他们所看到的一切都会打上既有理论的烙印。即使他们打开了科学知识的黑箱,他们所看到的也只是他们所想看到的罢了。因此,他们的实验室研究也就很难保持一种客观公正的立场。

(二)研究方法的不彻底性与不规范性

布鲁尔以来的 SSK 之所以强调采取自然主义与经验主义的研究方法,是希望将 SSK 作为一门自然科学来建设,其初衷是对自然科学的褒扬,并将强纲领的公正性和对称性原则贯彻到底。但事实上,SSK 学者由于具有社会建构论的先入之见,故在其研究方法的运用上并不彻底,而将社会建构论的基本思想带到实验室研究中,则会导致田野调查与民族志等人类学方法的运用存在不同程度的问题。

第一,社会建构论与自然主义和经验主义的研究方法之间存在着内在的矛盾,这种矛盾简单来说就是归纳与演绎的矛盾。对科学知识的考察要求采取自然主义与经验主义的研究方法,实际上就是要求研究者按照自然科学的研究方法去做研究,在研究过程中通过对一手材料的收集、整理,最后借助归纳等方法得出一般性的结论,其中的方法论主要遵循的是归纳逻辑。而 SSK 及其实验室研究则带着社会建构论的先入之见,这种社会建构论思想会使得他们的材料收集工作具有倾向性,由此得到的材料必然支持其预设的结论,因为材料已内含于观点之中。从这个意义上说,材料的收集工作本身没有什么实质性的意义,至多作为一种说服人的理由而已。正如本·戴维所言,这种哲学观点并不需要经验性的证明，而他们这样恰恰阻塞了提出经验课题研究的道路。① 换言之，实验室研究者遵循的是一种演绎逻辑，如果将科学知识的社会建构论看作其演绎逻辑的大前提，将实验室生产出来的知识作为科学知识的类型之一，以此作为小前提，必然会推出实验室生产的知识也是社会建构的结论。正是因为自然主义与经验主义的研究方法与先入为主的社会建构论之间的逻辑矛盾，才导致这种方法无法在实验室研究中贯彻下去。

第二，SSK 的实验室研究所使用的田野调查与民族志方法也是有问题的。这首先表现在他们将田野调查仅仅作为其认识论研究的一个工具，而并不试图对实验室的文化做完整生动的记载和描述，因此，他们的作品看起来不像是一部人类学的作品，而像是一部哲学的作品，就如刘珺珺先生所说的那样："通篇都是认识论结论的说教。"② 其次，人类学的田野调查与民族志方法的运用有其特定的规范和要求，例如它需要考察科学知识生产的一个完整的周期，它需要熟悉田野调查当地的语言，发展关键的信息员等等，其目的是对田野调查所在地人群的文化做出客观真实的描述。从这个角度来说，特拉维克的《物理与人理》堪称典范。但是拉图尔、诺尔－塞蒂纳等人并没有受过严格的人类学训练，而实验室研究的具体困境也是导致其方法的运用很难严格和规范的原因。在林奇看来，实验室研究面临的困境有以下三个方面：第一是通往前沿研究的路径困难。分开来说，一是人类学家很难被允许进入实验室开展相关研究，二是人类学研究是个技术性很强的工作，一般学者除非经过专业培训，否则很难胜任。第二是"社会"现象与"黏稠的"的专业谈话和行为不可剥离地联系在一起。要说明这些现象要求专门训练专业系统内部的观众，这种专业能力已经嵌入这个人的行为中。第三是在学术性社会科学的专业履历中，实验室研究由于其固有的难度已经不能强有力地刺激成熟学者的研究兴趣。③ 由此，严格基于田野调查和民族志方法的实验室研究很难实现。

在我们看来，实验室研究的困境除了林奇所说的三种之外，还存在

① 刘珺珺. 科学社会学[M].上海：上海科技教育出版社,2009:199.

② 刘珺珺. 科学社会学[M].上海：上海科技教育出版社,2009:205.

③ Michael Lynch. Scientific Practice and Ordinary Action[M]. London:Cambridge University Press,1997:104－105.

着第四种困境,这也是导致田野调查和民族志方法运用不够规范的原因,它就是人类学学者和实验室科学家之间由于知识背景的巨大差异而很难相互交流。具体说来,实验室的相关研究可能涉及科学技术某一艰深的研究领域,而实验室做人类学研究的学者大多只具有文科知识背景,由此,田野调查者和科学家之间很难沟通,这可能会导致人类学家错误地理解或评价实验室的科学实践。虽然人类学研究强调研究者与研究对象之间要保持一定的距离,以保证人类学家研究的独立性,但在我们看来,人类学家如果具有基本的与实验室科学研究相关的专业知识更有利于他们的研究。关于这一点,柯林斯关于"专业知识"的观点值得借鉴。① 柯林斯结合自己多年的研究实践,特别是关于科学争论的研究实践,得出一个基本的结论,那就是:作为社会学家要对科学争论有充足的了解,至少要具备"可互动"的专业知识,而何为"可互动"的专业知识,柯林斯做了进一步的说明。在柯林斯看来,如果我们试图对其他的学科进行研究,必须要对该学科的专业知识有所了解。在他看来,一个人专业知识的水平从低到高大致可以分为四个等级:最低一个等级的专业知识是"大众理解",这种层次的专业知识通过阅读第二手资料获得,这种文章一般是由新闻记者撰写的,其中包括对第一手资料的消化吸收和简化的版本。第二等级的专业知识可称之为"第一手资料的知识"。这种知识可以通过阅读科学杂志得到。第三等级的专业知识称为"可互动的专业知识",这种知识可以通过与核心层科学家之间的谈话得到。最高的一个级别称为"可贡献的专业知识",具有这种知识层级将可以在专业领域的学术杂志上发表论文。而柯林斯认为经过他十多年与物理学家一起生活的经历,他已经具有了物理学方面"可互动的专业知识",由此,他对物理学领域的科学争论也将会有比较准确的把握。所以,在我们看来,实验室的研究者也应该具有柯林斯所说的"可互动的专业知识",只有这样,才能对实验室科学家的科学实践进行恰如其分的解读。

第三,即使是实验室研究没有社会建构论的先入之见,他们通过自然主义、经验主义以及人类学方法所做的研究也很难得到科学知识就是社会建构物的结论,其原因可以从两个维度来说明:一是从理论上

---

① 哈里·柯林斯. 改变秩序:科学实践中的复制与归纳[M]. 成素梅,张帆,译.上海:上海科技教育出版社,2007:219.

看,经验研究与理论结论之间并没有严格的逻辑一致性,这就如同休谟等人所指出的那样,即使你看到的所有天鹅都是白色的,你也不能得出"凡天鹅皆白"这样的结论,换言之,如果要得到一个全称命题,单纯的经验观察是远远不够的,它还得诉诸人类的智力因素。就实验室研究而言,即使拉图尔发现了科学活动中大量磋商的存在,也不能证明科学成果就是社会建构的产物。关于这一点本·戴维做了很好的说明:"科学是一个磋商过程并不意味着它的成果是由社会条件或社会考虑所决定的。科学家设法找到对问题的最好解决大都是在寻找智力的标准……即使有了错误,原因可以是错误的认识战略,而不是由于社会因素所产生的偏见。"[①]二是从实践而言,实验室研究本身存在着诸多局限,这也将导致科学知识社会建构论的观点很难成立。

实验室研究有些什么样的局限呢? 实验室研究者之一的拉图尔对此做了清晰的说明,并将其归结为三个方面:第一个局限是古典的人类文化学志和科学的人类文化学志存在着巨大差异,这种差异体现在前者的场地与属地混合,而后者的场所形成网络系统;第二个局限是它只关心事实而不关心理论;第三个局限是我们并不试图重建研究人员的内心世界和实际经验。[②] 将拉图尔所言的实验室研究的三重局限加以展开分析,将有益于我们的理解。就第一个局限而言,主要体现在对这种实验室网络研究的难度上,因为当代实验室中所需的材料可能来自世界各地的不同办公室、医院、企业以及所有与实验材料的生产与销售有关的场所等等,而由于实验室研究关注的往往是一个既定的场点,虽然特拉维克的实验室研究选择的场点相对较多,但依然还是有限,这会导致人类学家对实验室日常科学实践的刻画变得模糊。第二个局限是,关于实验室的人类学考察虽然强调考察时间不得少于一个研究周期,但即使是这样,人类学家所见到的也仅仅是科学事实得以形成的一个片断,而并没有考察科学事实形成之前的已有理论范式,所以对科学事实形成的来龙去脉也很难加以合理的分析。第三个局限涉及实验室科学家的意会知识,这种意会知识将影响到他们日常科学实践活动的选择。科学家的内心世界和实际经验是人类学家很难揣测的,故只能

① 刘珺珺.科学社会学[M].上海:上海科技教育出版社,2009:197.
② 布鲁诺·拉图尔,史蒂夫·伍尔加.实验室生活:科学事实的建构过程[M].张伯霖,刁小英,译.北京:东方出版社,2004:23.

对其进行主观的重建,而这种重建可能会导致科学家对科学事实形成的看法发生偏差。由此看来,从实验室研究本身得出科学知识是社会建构的产物这一观点存在着巨大的路径困难。

(三)研究结论的偏狭性

如上所述,因为实验室研究在研究目的上具有理论预设性,在研究方法上也存在着不彻底性和不规范性,导致其结论也会具有偏狭性。对实验室研究结论得出的过程加以探讨和分析十分必要,一是可以纠正过于片面的结论,二是可以指示以后研究的方向。具体而言,实验室研究得出的最终结论是科学知识是一种社会建构物,研究者希望以此来否定传统科学哲学赋予科学的客观性、实在性、真理性等基本特征。而这一观点的产生基于两方面的根据,一是科学事实的社会建构,二是科学论文的社会建构。接下来,我们将对这两个结论出现的过程加以分析并提出自己的评价。

第一个方面是科学事实的建构,实验室研究者是如何得出科学事实是社会建构的产物这一结论的呢?在本章的第二节我们结合实验室研究者的人类学实践已做了比较清晰的解读。简单来说可以将他们的推理逻辑归结为四步:第一步,通过实验得到关于实验材料的第一手数据;第二步,基于研究者的主观愿望将数据进行分析处理以得出关于科学事实的陈述;第三步,将关于科学事实的陈述通过学术会议等方式加以发布并进行反复的磋商,同时用新的投资淘汰竞争者;第四步,一个关于科学事实的陈述转化为科学事实本身,于是科学事实被社会地建构了出来。仔细思考如上所述的过程,会发现里面存在着诸多漏洞。首先,即使如诺尔-塞蒂纳所说的那样,实验室并不是对自然材料而是对人工物的加工,但是这些人工物毕竟与自然物具有本质相同的特征,就如同实验室的水虽然经过了一系列的净化处理,但它的化学成分依然还是 H_2O 一样,净化能起的作用顶多就是去掉一些水中的杂质而已,而水本身并没有什么变化。由此看来,即使是对人工物的实验,其得出的结论也并非完全偏离其自然本性,由此得来的数据也并非是完全的虚构,而是与客观实在密切相关。

其次,是对实验数据的分析和整理,虽然这一过程可能掺杂人为因素,甚至渗透着研究者的偶然选择和决定,但并不能认为这种对数据的分析完全没有根据。举例来说,如果研究者希望得到的是数据具有线性分布特征,而借助某种数据分析工具分析但这些数据并没有展示出线性的特征,研究者可能会更换一种数据分析的工具,此时数据可能显示出线性的特点。从这个意义上说,虽然在数据分析工具的选用上面会受到人为偏好的影响,但数据能够呈现出线性分布的特征,则说明这些数据本身就具有这种内在的规律。虽然此时的数据可能是全体数据中的一部分,导致我们的分析不够全面,但其得出的结论并非完全没有意义,它很可能是关于自然界一部分规律的说明。换言之,如果研究者无论借助哪种数据分析的工具均不能得出他想要的线性数据,那么,他要么接受数据的非线性特性,要么重新去做新的实验,而不是为了得到某种预想的规律而任意地去捏造数据。由此看来,对数据的分析整理虽然有人为的成分,但是最终数据呈现什么样的规律,还得通过与自然密切相关的数据来决定,而不是由人们的主观意志来决定。

再次,当通过数据的分析得到了关于事实的陈述之后,研究者会将这些结论通过学术会议进行交流,甚至会因为遇到不同的意见而进行多次反复的磋商,甚至有时候还得借助于更进一步的实验,但所有的磋商并不是完全没有数据的支持或事实的根据的,更多的是一种基于科学家的理性的标准的选择,并不是纯粹的毫无事实根据的胡言乱语。实际上,拉图尔所考察的 TRF(H)的结构最终之所以能形成共识,是因为科学共同体对来自新仪器所给出的极具说服力的数据的认同。

最后,关于某个事实的陈述一旦达成共识,它会以论文等形式发表,而这种关于事实的陈述会逐渐演化为一个事实,并将作为进一步研究的基础。虽然对于事实的接受速度与科学家在科学共同体内外的宣讲力度存在一定的关系,但科学家的宣讲同样有相关结论的支持。从以上分析来看,SSK 的实验室研究由于对科学活动中社会因素的强调,确实为我们理解科学提供了一种新的维度,具有一定的启发意义。但在我们看来,将科学知识完全看作社会建构的产物则不太妥当。社会因素虽然可以左右科技进步的速度,甚至科学研究的方向,但是并不能决定科学知识的内容本身,这就如同经济学中的价值规律一样,受社会影响的科学就如同商品的价格,受自然影响的科学就如同商品的价值,虽然价格有时候会与价值发生偏离,但价值始终是价格上下波动的中轴线。

第二个方面是关于科学论文的建构。在实验室研究者看来,科学论文也是社会建构的产物,其具体原因在本章第三节做了比较详细的分析,在此将其简略地归结为三个不一致:第一,无序的实验室实践与有序的科学论文的不一致;第二,科学的求真与科学论文的修辞之间的不一致;第三,科学论文逻辑的明晰性与论文背后的复杂与境性的不一致。在实验室研究者尤其是诺尔－塞蒂纳看来,正是这些不一致的存在,促成了科学论文的社会建构本性。将以上进行逐条剖析,同样可以发现其中的问题。首先,实验室实践由于选择的偶然性导致其过程看似完全没有秩序,但这并不意味着科学论文也一定要原原本本摹写这种无序。恰恰相反,作为未来将呈现在读者面前的书面文本,条理清楚、逻辑清晰而有序的科学论文有利于读者对其内容的理解。其次,科学的求真本性当然没错,但以求真为本性的科学并不意味着一定要以枯燥的、语言晦涩的文字体现出来,它完全可以写得更加生动,以增加其吸引力,从而使其中传达出来的真理传播得更快。最后,在论文的反复修改中,确实渗透着非常复杂的社会与境因素,文章的观点如何表达,论据如何呈现,这些都可能与不同的利益集团相关,这会导致科学论文成为一种受多元因素影响的混合物。但是,无论论文以怎样的方式表达出来,其对某个科学问题的解决还是以一定的实验室数据作为支撑的,而不是凭空设想的。从这个意义上说,科学论文的形式可能是主观建构的,但科学论文的内容还是客观的。

由此看来,SSK 的实验室研究希望通过对科学实践过程的研究,为科学知识的社会建构论主张找到更多的依据,从而瓦解科学的自然实在论基础,继而瓦解科学的客观性、实在性以及真理性等既有观念,最终瓦解科学的文化霸权。但是,SSK 学者对实验室所做的人类学考察,并没有真正找到科学知识社会建构论的相关证据,并没有实现他们的初衷。相反,SSK 运用社会建构论思想对科学实践所做的说明,遭到了许多学者的批评。萨尔克作为实验室的负责人,他在为《实验室生活》所作的序言中指出:这本书不值得引起科学家太多的重视,但可以将它看作沟通科学、科学家和社会因素的桥梁。同时,萨尔克并不同意书中所述的一些细节,他甚至觉得有些地方读起来令人十分不快,并批评该书的作者(指拉图尔和伍尔加)只是见到了实验室的表面,而并不懂得其实质。① 这可能代表着大多数科学家的看法,20 世纪末的科学大战

---

① Bruno Latour &-Steve Woolgar. Laboratory Life[M].Princeton:Princeton University Press,1986:13.

就是明证。换言之，SSK 试图用对科学的"社会实在"解释取代对科学的"自然实在"解释，使科学从"自然本体论"转向"社会本体论"，这无疑会导致自己与自己批判的对象"两极相通"，这充分暴露了社会建构论纲领的内在矛盾。同时，在反身性的检视下，社会建构论同样逃不脱社会建构的命运。但关于这一点，部分实验室研究者丝毫没有意识到，正如伍尔加所批评的那样："在要对科学家的建构性工作进行建构性说明的任何尝试中，人们至少希望看到一种高水平的反身意识……但遗憾的是，《制造知识》完全忽视了这个问题。"

　　科学知识的社会建构论观点固然新颖，SSK 的实验室研究纵然极具研究价值和意义，但由于其立场的偏狭性，导致其观点无法被世人所接受。在狂风暴雨般的批判过后，SSK 及其实验室研究者开始反思自己的问题，将科学知识的形成简单地归结为由自然决定或是社会决定也许走入了误区，能否摆脱传统哲学的主客二分模式，从而获取一种新的解决方案，这是我们不得不思考的问题。同时，通过实验室研究，研究者也逐渐意识到一个问题，那就是：实验室内的科学实践与实验室外的社会世界并非完全隔绝，而是紧密相连，实验室只是科学活动这一故事的一个章节，而不是全部。基于对原有理论加以改造的愿望与信心，以拉图尔为首的巴黎学派开始将他们关注的目光从实验室之内扩展到了实验室之外，并对科学知识的形成过程做了新的思考。作为对科学知识社会建构论观点的改良，异质建构论与实践建构论的出现则是研究者将目光直接从实验室之内转向实验室之外的产物。

随着实验室研究的深入与拓展，拉图尔、皮克林等人开始对原有观点进行改良，这种改良不再局限于对科学活动做静态的社会建构式解读，而是拓展到更多的方面。他们从共时性和历时性两个视角展开对科学实践的深入研究，进而提出了行动者网络理论和实践的冲撞理论。由此，两种全新的科学观——异质建构论与实践建构论浮出水面。它们不仅打破了自笛卡尔以来的二象之见，而且将时间的观念赋予对科学的理解之中。他们倡导从多维立体的角度展开对科学的解读与审视，这为诸多传统科学哲学问题的解决或阐释提供了新的思路与可能。①

---

① 邱德胜.科学知识的不同建构理论：兼议异质建构论与实践建构论的比较[J].中国人民大学学报，2013,27(4)：105－112.人大复印资料《科学技术哲学》2013年第10期全文转载。本章在该文基础上做了修改和补充。

一、异质建构论与科学知识的异质建构

行动者网络理论属于异质建构论的一种，其基本主张不再是将科学知识视为单一社会建构的产物，而是多种异质性要素组成的网络，网络中的每一个要素均被称为行动者，行动者既可以指人，也可以指非人的存在与力量。行动者网络理论或异质建构论提出于 20 世纪 80 年代中叶，基于以拉图尔等人为代表的巴黎学派对前期工作的认真反思。在巴黎学派看来，单纯对实验室所做的考察并不能支持科学知识是社会建构的结论，同时，科学知识的生产过程也并不仅仅局限于实验室的内部，而是扩展到丰富多彩的社会背景之中。由于巴黎学派提出的异质建构论与 SSK 的社会建构论截然不同，爱丁堡学派、巴斯学派均指责巴黎学派背离了 SSK 的基本纲领，而巴黎学派也希望与传统的 SSK 划清界限。因此，SSK 的内部开始分化，SSK 也过渡到后 SSK 时期。后 SSK 提出的行动者网络理论以及实践的冲撞理论远远超越了传统 SSK 的理论框架，因而给 SSK 的发展带来了新的活力与生机。作为实验室研究的代表作品之一的《实验室生活——科学知识的社会建构》(1979)也在出第二版时被作者拉图尔改为《实验室生活——科学知识的建构过程》(1986)，这一词之差足以体现巴黎学派研究纲领与早期的巨大差异。在拉图尔看来，传统 SSK 所谓的社会因素对知识的建构并不具有决定作用。同时，基于巴黎学派与前期 SSK 研究纲领的不同，拉图尔客观地指出："如果我和卡隆的工作致使 SSK 被取消，这并非一时之兴趣，而是基于多年来我们对科学家、工程师以及政治家的日常实践的研究及由此得出的强有力的结论。"那么，行动者网络理论或异质建构论究竟是如何实现对科学事实或科学知识的建构呢？通过对拉图尔相关作品的深度解读和分析，其建构思路大致体现为如下三个方面。

（一）行动者的招募与网络的组建

以社会建构论为改良对象的行动者网络理论并不是拉图尔一人的贡献，而是多位学者相继努力的结果，摆在突出位置的除了拉图尔之外，还有为之奠定坚实基础的巴黎学派先驱学者，一位是卡隆(M.Callons)，另一位是劳(J.Law)。正是得益于这两位学者的奠基性工作，行动者网络理论才在拉图尔的润色之后作为一个完整的理论呈现出来。

此处以拉图尔的《科学在行动》为主要依据,结合相关学者的工作,对巴黎学派的行动者网络理论进行全面系统的解读。

在拉图尔等人看来,科学知识何以形成?或者说一个陈述如何转化成一个事实?通过实验室的系列实验以及科学论文中修辞手段的技术性运用是远远不够的。为了探明科学实践的实际过程,弄清一个陈述历经一个怎样的过程最终转化为一个大家公认的科学知识的黑箱,拉图尔准备跟随科学家或工程师的脚步,看看这个过程究竟是如何实现的。在拉图尔等人看来,要使科学事实的建构过程得以实实在在地发生,首先要做的就是招募行动者并使之形成网络。拉图尔眼里的"行动者"泛指科学实践中的一切因素,既可以指人,也可以指非人的存在和力量。异质性是行动者的基本特性,不同的行动者可能存在利益取向或行为方式的不同,但他们对于科学知识的形成具有平权的地位。

那么,行动者从何而来呢?在拉图尔看来,主要的工作可以分为两步:"第一是吸收他人的参与,以使其加入事实的建构;第二是控制他们的行为,以使其行动可以预测。"[①]然而,吸收他们参与到事实的建构过程之中并非易事,它需要科学家采取一些特定的技巧,拉图尔将这种技巧称为"转译"(translation),并指出转译的意思是:"它是由事实建造者给出的、关于他们自己的兴趣(interests)和他们所吸引的人的兴趣的解释。"[②]为了实现行动者的招募并建构为网络,从而使事实的建构得以发生,科学家主要通过转译兴趣、使被吸引的群体保持一致这两个密切相关的环节来实现。而转译兴趣就是让他人也愿意参与到事实的建构中来。在拉图尔看来,科学家一般会运用五个方面的转译技巧:(1)我想要的正是你想要的。通过这种方式使别人迅速相信一个陈述,并愿意为项目投资或购买模型机,从而推动科学家的断言尽快转变为事实。换言之,就是使科学家自己的计划成为别人计划的一部分,从而在别人计划实现的过程中达到自己的目标,拉图尔将这种方案形容为"骑在大人的肩上",而这里的"大人"就是参与事实建构的行动者之一。但这种方案存在着风险,那就是别人随时有可能对科学家的计划失去热情和

---

① Bruno Latour. Science in Action: How to Follow Scientists and Engineers Through Society[M]. Milton Keynes: Open University Press, 1987:108.

② Bruno Latour. Science in Action: How to Follow Scientists and Engineers Through Society[M]. Milton Keynes: Open University Press, 1987:108.

信心。(2)我想要它，你为什么不？由于第一个方案随时存在着风险，为减小风险，科学家可以采取进一步的转译策略，那就是使那些被调动起来帮助科学家建构断言的人跟着科学家走，而不是选择周围其他的道路，但这种情况发生的前提往往是别人的道路被切断或被堵塞的时候。但是，想让别人改变自己的目标而投入你的研究之中并非易事，这里还得采取下一个转译的策略。(3)如果你稍微迂回一下……。事实上，让别人跟着你走非常困难，这时候科学家往往采取迂回策略，即科学家试图给别人另一个曲线救国的方案，而不是把他们从原来的目标上引开。如果科学家的这种转译策略满足三个条件，那么它会极具吸引力："主要的道路显然被切断了；新的迂回道路上布置着很好的路标；这段迂回看起来并不长。"[①]通过这种方式，科学家可以招募到新的行动者，并借助他人的迂回来推动自己的研究，从而使断言转化为事实。举例来说，物理学家劳伦斯宣称，他建立更大的放射源是为了治疗癌症，从而吸纳了大量的国家和民间资金的投入，实际上他推动的主要是粒子物理学的发展，但在这一过程中，资金的投入者均可以视为是使科学事实得以建构的"行动者"。然而，这种策略依然存在着问题，科学家的这种行为往往被批评为"贩卖私货"。由此，这种转译的策略也不是一定能奏效，尤其是当别人通往目标的道路并未堵塞时更是如此。由此，进一步的转译开始发生。(4)重组兴趣和目标。这种策略可以通过将别人的目标进行置换、发明新的目标、创造新群体、使迂回归于无形、赢得责任归属的考验等方式付诸实施。此时的转译兴趣就是想方设法将别人的兴趣引导到科学家的兴趣上来，最终使得科学家的研究变为他人实现目标的决定的环节。(5)变得不可或缺。通过前面的四个逐层深入的转译，科学家的工作变得不可或缺。换言之，此时的科学家从原来非常虚弱的状态(这迫使他们去跟随别人)转译到了拥有最强大的力量状态(这迫使所有其他人都去跟随他们)。此时的科学家好像拥有了一种霸权："无论你想要的是什么东西，这一个东西也是你想要的。"[②]通过以上的转译，科学家可以使得他人的兴趣发生转移，并最终追随科学

---

① Bruno Latour. Science in Action：How to Follow Scientists and Engineers Through Society[M]. Milton Keynes：Open University Press，1987：112.

② Bruno Latour. Science in Action：How to Follow Scientists and Engineers Through Society[M]. Milton Keynes：Open University Press，1987：121.

家的目标。而这些追随者都可以被视为事实建构实践的"行动者"。在拉图尔看来,为了使这些转译达到好的效果,实验室的科学家大致可以分为两类:一类是实验室的领导,他们的主要任务是通过各种转译策略给实验室争得更多的经费,并通过各种关系将实验室得到的产品即黑箱尽快地扩散开去;另一类是实验室的日常研究者,他们的主要工作不是争取经费,而是根据实验室领导或投资方的要求来从事实际的研究或实验,并使最终的产品能够得到实验室领导以及投资方的认可。从这个意义上说,技术科学有一个内部和一个外部,而"内部越强大、越硬、越纯粹,其他科学家就处于(科学的)更远的外部"①。随着他人的参与,行动者网络具有了初步的一些要素,但完整的行动者网络并没有形成,为了使科学实践得以成功,除了上述人的因素之外,还得引入其他的非人类因素的加盟。同时,"使被吸引的群体保持一致"也是断言得以广泛传播并最终转换为一个关于事实的黑箱的重要环节。

如何使被吸引的群体保持一致呢? 这除了需要如上所述的将他人的兴趣转译到科学家的目标上来之外,还必须借助于非人类因素的参与。换言之,只有作为人类的行动者还不能构成网络,非人类的作用或资源同样不可或缺。只有将人类和非人类的行动者并置起来,并有效地整合为一个整体,才能使事实的建构和黑箱的形成早日变为现实。拉图尔借助贝尔公司的成长过程例证了上述观点。在 19 世纪初,美国的固定电话只能传播几公里的范围,而且在传输过程中由于信号的衰减导致通话声音模糊不清。1910 年发明的中继信息的机械转发器,可以实现每隔 13 公里的信号增强而使信号传送得更远。由于这种设备价格昂贵而且只能在部分线路上使用,故该设备并没有得到大规模的普及,因而,当时固定电话的使用十分受限,想实现跨越沙漠、海洋等进行通话在当时看来基本不太可能。贝尔作为当时并不知名的一个电话公司,希望能够通过技术的研发来制造一个新的信号转发器,从而实现远距离通话的新突破。耶维特作为当时贝尔公司的主管之一,他希望寻找到新的盟友来解决这一技术难题。耶维特想到了他以前的老师,以研究电子著称的著名物理学家密立根,具有物理学博士学位的耶维特知道电子的特征之一是没有惯性,而没有惯性的电子在传送时只有

① Bruno Latour. Science in Action: How to Follow Scientists and Engineers Through Society[M]. Milton Keynes: Open University Press, 1987:156.

微弱的能量损耗。于是，他想到能否通过密立根以及电子的基本特征来实现技术的突破。然而，此时的密立根所能提供的只是他的几个优秀的学生，而贝尔公司可为密立根提供装备精良的实验室。通过这些微小的置换，电子、贝尔公司、密立根以及横穿大陆的电话线这些看似毫无关联的事物之间似乎建立了某种联系，但此时的联系还只是表层的，实质的联系还没有出现。因为实验室制造的新式的电子三极管在电压过高并且真空管中充满蓝色云雾时，电子将拒绝从电子三极管的一极跃迁到另一极。而当另一位被招募的物理学家阿诺德通过对前人工作的改造而得到一个真空三极管时，事情出现了转机。因为在极空的真空里，甚至在极高的电压下，电子管一极的轻微的小的震动会促发另一极产生强烈的震动。于是一种全新的电子转发器诞生了，它将如同一个事实一样最终形成，并在贝尔公司的集体工作后变成了一个黑箱，而作为黑箱的电子转发器也成了横穿大陆的 5500 千米的电缆线上的一个常规的设备。1914 年，靠其他转发器不可能实现的长程通话随着这种新的电子转发器的出现而得以实现。而电子、贝尔公司、密立根及其学生、耶维特以及实验室等等则作为人类与非人类的不同行动者共同构成了一个行动者网络，在这个行动者网络的推动下，不仅创造了电子转发器这一黑箱，并且这一黑箱还会随着他人的购买而得以大规模扩散。

通过以上案例的分析，拉图尔认为，各行动者作为网络的一个要素既形成了网络也塑造了网络，在网络中无论是人类还是非人类都具有平等的地位，作为网络中的一个要素，谁都不能够凌驾于其他行动者之上。此外，行动者网络并不是一成不变的，而是会随着行动者的变化而相应发生变化。由于行动者并不仅仅是指人类，同时也可以指没有生命的网络参与者，故行动者网络是一种异质性要素建构起来的网络系统，这种系统通过要素之间的联系来保持稳定与平衡。

(二)行动者网络的形成与扩散

基于上面的分析，我们可以将行动者网络的形成过程概括为以下四个步骤：第一步是网络发起者(科学家或工程师)通过转译策略将他人的兴趣转移到自己的目标上来；第二步是动员所需的人类与非人类的资源或行动者；第三步是实现行动者的并置；第四步是将各行动者整合起来从而使网络建构事实或黑箱的功能得以发挥。网络的组建一旦成功,已经建立起来的事实或黑箱就变得不可或缺。由于与事实相关的断言被不止一个人相信,产品被不止一个用户购买,论据被不止一篇文章或一部教材引用,黑箱被不止一辆机车安装,因而它们在时空中得到了大规模的扩散。拉图尔将处于运动状态的事实和机器的这样一种描述称为扩散模型,并借助他常用的两面神对转译模型与扩散模型做了对比:"右边的面孔用转译术语谈论着悬而未决的争论,左边的面孔则用扩散(diffusion)语言谈论着已经建立起来的事实或机器。"①

那么,一个断言、一个事实、一个产品、一个黑箱等究竟如何得以扩散呢?拉图尔认为可以通过两种网图得以实现,第一个是它的社会网图(sociogram),第二个是它的技术网图(technogram)。现以前文所述的由贝尔公司研发的电子转发器为例,来对这两种扩散网图加以说明。当电子转发器作为一个技术产品被制造出来之后,它就成为一个可供销售的黑箱,它不仅能吸引工程师和研究者,还可以吸引单纯的消费者。而这些单纯的消费者不必重新打开这部电子转发器,也不需重新对其进行设计,他们仅仅需要了解如何使用它即可。从这个意义上说,消费者的大量购买和使用就是一种社会网图意义上的扩散模式,随着消费者的不断购买而实现黑箱的扩散。但事实上,如果这种黑箱只有生产环节而没有与之相关的维护部分,时间一长,必然会因为设备的老化、生锈等原因而退出市场,扩散也随之停止。正因如此,要保证扩散的继续,还得通过技术网图来实现。同样是电子转发器,在使用一段时间后,可能会出现这样那样的问题,需要维修,而维修需要有相关的售后部门,有时候可能需要更换零部件,这些还涉及零部件的生产部门。甚至一种设备的使用还涉及多种产品与之配套和协调,就如同一部傻瓜相机,虽然消费者需要做的只是按下快门,但是那些相机的销售人员,那些制造电池以及胶片的生产企业,那些冲洗相片的机器和工作人员却始终存在着。从这种意义上说,黑箱越黑,越自动化,越需要有人去伴随。在很多时候,黑箱可能会因为没有销售人员,没有维修人员,没有配件而遭致停产。而如果这些方面的因素均具备,黑箱就可以在技术网图这样一种模式下得以大规模扩散。换言之,只有通过许多人的行动,黑箱才会在空间里运动,并在时间里变得牢不可破。一旦没有

---

① Bruno Latour. Science in Action: How to Follow Scientists and Engineers Through Society[M]. Milton Keynes: Open University Press, 1987:132.

人采用它，它终将停止运转并土崩瓦解，即使是在此之前，有很多人采用它很长的时间也将于事无补。

由此看来，随着行动者的招募、网络的组建，一个黑箱被制造了出来，并且通过社会网图和技术网图的扩散而使这个黑箱被越来越多的人所知晓，最后演化为一种坚不可摧的科学事实或理论。由于行动者网络中的各个行动者存在着差异，甚至可以是人类和非人类的异质性差异，从这个意义上说，这种黑箱或事实的建构是一种根本意义上的异质性建构，这也是行动者网络理论被称为异质建构论的主要原因。在拉图尔看来，虽然通过社会网图和技术网图可以实现黑箱的扩散，但要使行动者网络发挥更大的效能，还得使短网络不断地变长，并使网络之外的人也进入网络中来。

（三）行动者网络的功能增强与性能稳定

在拉图尔等人看来，当代的科学具有很强的技术性，一是科学论文中大量使用修辞学，二是科学实践的过程还是一个行动者网络不断形成并使其网络制造的黑箱得以广泛传播的过程。由此，这样的科学在拉图尔看来是一种技术科学，而技术科学可以描绘成一个开天辟地的事业——繁殖大量的盟友，同时也可描绘成罕见而微弱的进展——仅当所有盟友出现时才能得知它的消息。如果技术科学可以被描述为如此强大又如此弱小，如此集中又如此分散，这意味着它具有网络的特征。在劳看来："网络（或系统）结构反映的不仅是对有效解决问题的关注，而且是它们能够聚集的和由各种成分所展开的力量之间的关系。"在拉图尔的眼里："'网络'这个词暗示了资源集中于某些地方——节点，它们彼此连接——链条和网眼：在连接中，这些分散的资源形成网络，并扩散到所有的地方。"①这就如同纤细的电话线一样，虽然它在地图上不可见，但由其形成的电话网络却覆盖了整个世界。

那么，由行动者所组成的网络如何实现其功能的增强与性能的稳定呢？换言之，如果将网络中的各个行动者视为网络的成员，那么，（1）科学家或工程师是采取一种什么样的策略将网眼遗漏的人吸引进网络之内呢？（2）在网内与网外的双向互动中，如何维持网络的稳定呢？

---

① Bruno Latour. Science in Action：How to Follow Scientists and Engineers Through Society[M]. Milton Keynes：Open University Press，1987：180.

首先来关注第一个问题,即如何将漏网之鱼拉入网内。在拉图尔等人看来,要回答这样的问题,不妨从知识与信念的区分开始。就气象而言,关于气象的知识和关于气象的信念是不一样的。科学家一般认为,信念是非常主观的,因为人们对于气象有着不同的信念,故他们对于天气的看法也大为不同,经常出现的情况是,"谁"提出了关于天气的某种看法。而知识则相对客观,并且知识告诉我们天气如何,而并不指明气象员是谁。从这个角度来看,知识好像是对现象的代言,具有其客观性,而信念只是一家之言,来自于叙说者的主观判断,因而不具有客观性。从这个意义上说,科学家和工程师将由行动者网络制造出来的产品叫作知识,而其他的则不是知识。既然人们的信念不是知识,那么不管人们的信念有多少种,人们对天气的看法有多少种,如果我们将这些看法置于天平的一端,而将气象学家的看法置于天平的另一端,天平却会向后者倾斜。由此看来,知识与信念在解释世界方面极为不同。而这种不同究竟是如何产生的呢?在拉图尔看来,这与科学家或工程师对科学事实的硬化密切相关。正是他们通过各种不同的方式对他们的陈述或事实加以硬化,使其坚不可摧,才形成了所谓的科学知识。而科学事实得以硬化的过程就是行动者网络的功能得以增强的过程。那么,如何对科学事实加以硬化呢?在拉图尔看来,引入比行动者网络形成初期更多的资料,是一种行之有效的办法。而这些资料的获取需要科学家以开展远距离行动等方式来实现。具体而言,科学家或工程师为了研究的需要一次又一次深入异域,每次返回之后都会带回大量的信息,通过对这些信息的重建可以对异域的状况进行越来越清晰的刻画,而此时加工信息的场所就可以视为一个信息的中心。在信息中心,科学家拥有来自异域的大量的一手材料,通过对这些材料的处理,他们获知了比其他人包括不同地域的土著更多的信息,因此,此时科学家或工程师得到的结论或是知识也就更具有说服力。如有人对科学家或工程师的结论进行反驳,那必将面临诸多的诘难。此时的科学家或工程师虽然只是来自不同渠道的信息的加工者,但由于这些信息都汇聚在科学家的手中,导致科学家与民众之间的信息极为不对称。由此,处于信息中心的科学家显得更加强大,而一般民众是如此之弱小,故在很多问题上不得不依赖于科学家的见解,于是漏网之鱼便重新被拉入网络中来。

接着来看第二个问题,即在网内与网外的双向互动中,如何维持网络的稳定？在拉图尔看来，网络的稳定可通过加固一切联盟以及进一步拓展网络来实现。以地理学为例，当大量的航海家或探险者深入世界各地之后，他们会带回大量的信息，并在信息的中心实现汇聚。科学家通过对这些信息的处理，可以绘出一幅关于世界的地图。而通过这幅地图，科学家将世界联系在了一起，并确立了全球的坐标。如果绘图师将欧洲确立为世界的中心，那么其他的地区不得不围绕着欧洲这个中心而转动。在全球的坐标被确立之后，一种新的时空观便呈现出来，而所有事件的发生都将基于这样的时空框架得以描述。由此，关于世界的一种稳定的结构便被确立起来，网络中的所有联盟都将在这种新的时空坐标之下得以加固，并且实现相互之间的连接和照应。而以时空坐标为参考系的知识也被区分为不同的地方性知识，这种建基于地域差异的地方性知识要向普遍性转化，或者说行动者网络要实现其拓展，必须借助于一种标准化的过程。正如拉图尔所言："无论何时，事实都是一种不断被核实的事实，而机器则处于不断的运作之中，这意味着实验室或者工作室的条件在某种意义上得到了扩展。"①就如同内科医生的办公室那样，一个世纪前的办公室也许只有一把扶手椅，一个书桌，或许还有一个检查台，但现在的办公室则充满了各种各样的仪器和诊断设备，而这些仪器和设备都经历了从实验室经工业化生产再到办公室的过程。此外，各种计量设备的彼此连接也使得行动者网络得以进一步加强和扩展。举例而言，当科学家将时间赋予钟表的走动时，人们对时间的说明往往需要借助于钟表来实现。当两块表所给出的时间不一致时，人们会将第三块表作为仲裁者，如果对第三块表还存在着争议，人们可以求助于原子钟等更加精准的计时设备。国际时间署在全球范围内协调时间，虽然由于时区的不同，不同地区的时间存在着差异，但是通过一系列的读数、核查、表格以及电话线的连绵将各个时钟连接起来，一旦人们离开这个系列，就将不知道时间为何物，而要获得确定性时间的唯一办法是，重新与计量学的联结建立联系。由此看来，通过时间的计量学链条，人们获得了时间的概念，由于具有时间的基础，人们之间的言说也就具有了相互之间的可理解性。不仅是时间，还有重量、长度、生物学标准等等，这些都将是构成复杂计量学链条的内

① Bruno Latour. Science in Action: How to Follow Scientists and Engineers Through Society[M]. Milton Keynes: Open University Press, 1987:250.

在要素,而世界就在这些要素所构造的网络之中得以呈现,人们关于世界的描述也以这些要素为基础。而庞杂的网络系统一旦建构出来,世界得到了说明,而世界本身则从网络中逐渐淡出。由此可见,在网络的扩展中,网络本身的功能实现了增强,其性能也变得更加稳定。

二、异质建构论的理论旨趣

行动者网络逐渐形成的过程就是科学事实或黑箱得以异质建构的过程。随着异质建构过程的结束,科学事实或科学知识的黑箱也得以确立,并在时空中进行传播。然而,如果我们关注行动者网络中各个要素对于黑箱形成的作用,可以发现,人类与非人类在建构事实的过程中具有同等的地位,它们都是平权的行动者,没有高低优劣之分。换个角度来说,既然在科学知识的异质建构中各个行动者具有平权的地位,那么,我们对于科学的解释就不能简单地归结为自然决定或是社会决定,而应该追求一种更为对称的态度,这也是拉图尔所追求的。进一步说,既然人类/非人类、社会/自然作为不同的因素对科学知识的建构并没有大小多少之别,我们能否打破人类/非人类、社会/自然二分的传统思路并将其推进到本体论的层次,从而弥合自笛卡尔以来的二象之见,创建一种物我一体的本体论哲学呢? 对此,拉图尔等人给出了肯定的答复。与此相关的思维方式不仅在卡隆、劳以及拉图尔的异质建构论中体现出来,而且在拉图尔的《我们从未现代过》等后期著作中得到了详尽的探讨,现结合他们的思想,就异质建构论的哲学意义及理论旨趣加以展开说明。

(一)追求科学解释的广义对称性原则

在拉图尔的行动者网络理论中,广义对称性原则具有最为根本的哲学意义,理论的其他内涵都是基于对这一原则的阐释与发展。所谓的广义对称性原则,拉图尔在1993年出版的专著《我们从未现代过》和1992年的发表的论文《社会转向之后的进一步转向》中均做了详细的分析和说明,现将其阐释如下。

拉图尔认为,作为爱丁堡学派创始人的布鲁尔在其《知识和社会意象》中提到关于 SSK 的四个信条,其中之一被称为"对称性"。表面看来,这是倡导一种对科学知识解释的对称的立场,实质上是根本的不对称,并指责 SSK 的前期学者对自然持建构主义的立场,对社会却又持实在论的立场。在拉图尔看来,正如他的行动者网络理论所说的那样,在科学知识的建构过程中,社会与自然具有同等的建构性,因为它们是同一稳定化过程的双重结果。对于自然的每一种状态而言,总存在着一个对应的社会状态。如果我们对其中一个坚持了实在论,对另一个也必须同样如此;如果我们在某种情况下是建构主义者,在另一种情况下也必须是建构主义者。基于这样的考虑,拉图尔借助图 4-1 回顾了传统科学哲学及 SSK 对科学解释的不对称立场,并由此提出了自己的第二对称性原则——广义对称性原则。

在拉图尔看来,传统科学哲学将自然界视作知识和现象背后确定不变的基础,一切问题(包括社会问题)的解决和解释都可以诉诸自然,这也就是所谓的自然实在论。而以布鲁尔为代表的强纲领 SSK,虽然号称自己的研究纲领遵循对称性原则,也就是图 4-1 所示的第一对称性原则,但实际上却将任何问题的解释和说明都归结为社会原因,诸如经济、政治等,这无疑导致了自然的失语或发言权的丧失,其实质是一种社会实在论。

由此看来,无论是传统科学哲学还是 SSK,他们对于所有问题的解释和说明,所持的都是一种不对称的立场,唯一不同的是他们的出发点有所不同,一个诉诸自然,另一个诉诸社会。想要继续该领域的工作,唯一的出路是抛弃这种解释方案,去寻求一种更具对称性意味的新的解释。由此,拉图尔给出第二对称性原则——广义对称性原则。这一原则要求,在对科学知识加以解释时对称地看待自然和社会的作用。拉图尔进一步指出:"我们的广义对称性原则不在于自然实在论和社会实在论之间的替换,而是把自然和社会作为孪生的结果,当我们对两者中的一方更感兴趣时,另一方就成了背景。"①

---

① M.Callon & B.Latour. Don't Throw the Baby Out with the Bath School ! A Reply to Collins and Yearley[M]// Andrew Pickering. Science as Practice and Culture. Chicago：University of Chicago Press,1992：348.

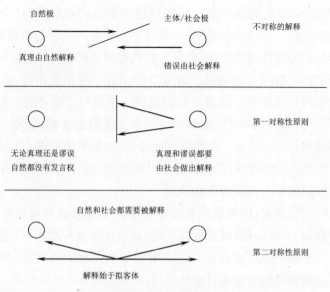

图 4-1　对称性原则①

由此看来,拉图尔的广义对称性原则起到了双重解构的效果,既解构了传统科学哲学的自然实在论,也解构了传统 SSK 的社会实在论。然而,拉图尔的哲学解构远远没有结束,接下来他准备将广义对称性原则推进到本体论的层次,通过对主客二分的解构,倡导一种物我一体的混合本体论哲学。

(二)倡导物我一体的混合本体论哲学

理查德·罗蒂对拉图尔的工作做了这样的评价:"如果您喜欢一种反二元论式的哲学讨论,如果您想打破在诸如主体与客体、心灵与身体、语言与事实之间的分裂,那么,你肯定会喜欢上拉图尔……目前而言,在打破制造与发现、自然与历史之间的割裂以及前现代、现代和后现代之间的分裂上,拉图尔的工作是最为出色的。"②而拉图尔之所以在这方面最为出色,与他在《我们从未现代过》等著作中对主客二分思维的批判密切相关。

在拉图尔看来,SSK 及其传统科学哲学,都属于现代主义,而现代

---

① Bruno Latour. We Have Never Been Modern [M]. Cambridge: Harvard University Press, 1993: 94.

② 布鲁诺·拉图尔. 我们从未现代过——对称性人类学论集[M]. 刘鹏, 安涅思, 译. 苏州: 苏州大学出版社, 2010: 封底附言.

主义纲领的直接理论来源是康德的主客二分模式,基于这种模式的现代主义具有以下三个前提假设:①非人(或自然、客体)是知识的起点,这保证了科学知识的客观性;②人(或社会、主体)是知识的起点,这保证了科学知识是由人所创造的;③非人和人之间有完全的划分,这保证了前述两种先验性不被混淆,以确保科学知识的权威性。但这三个假设在逻辑上不能同时成立,必须抛弃其一。如果抛弃①,将先验自我(人、社会、主体)视为知识之起点,必将导致用社会联系来解释世界,陷入各种不同的社会建构论;如果抛弃②,将物自体(非人、自然、客体)视为知识的起点,那么必将无视社会(主体)因素对形成科学认识的决定作用,从而成为简单地否认社会影响的朴素实在论者。因此,为了同时避免社会建构论和朴素实在论的偏颇,唯一能抛弃的是③,即主客体的划分。基于以上思维,拉图尔发起了解构主客二分的战斗,并形成了他独有的一套学说。

在拉图尔看来,在科学实践的过程中,非人类因素作为一个特有的力量参与到与人类因素的相互作用之中。由此,我们不能将非人类的力量看作是一种封闭的、僵硬的甚至远离人类的物的世界,它们也具有与人类相同的本体论地位。皮克林对行动者网络理论的基本形而上学思想做了概括:"我们应该把科学(包括技术和社会)视为一个人类的力量与非人类的力量(物质的)共同作用的领域。在网络中,这两股力量相互交织并在网络中共同进化。在行动者网络理论的图景中,人类力量与非人类力量具有对称性,它们互不相逊,平分秋色。"①在此语境下,主体与客体、自然与社会之间的对立开始消失,而新的本体则是一种将主体与客体、自然与社会融为一体的混合本体。

---

① Andrew Pickering. The Mangle of Practice: Time, Agency, and Science[M]. Chicago: University of Chicago Press, 1995:11.

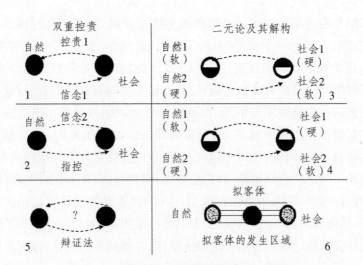

图 4-2　何为拟客体?①

拉图尔在其广义对称性原则的基础上进一步认为,自然和社会都需要被解释,而解释始于拟客体(quasi-objects)。那么,何谓"拟客体"呢? 拉图尔在《我们从未现代过》中结合图 4-2 做了阐释。在拉图尔看来,社会学家之所以对客体难以达成一致,在于他们坚持了自然与社会的二象之见。由此,他们将面临在理解自然与社会关系方面的双重控责:"在第一种控责之中,客体一文不值,它们仅仅是存在于那里的一块空白屏幕,上映的是社会科学家们所导演的电影;对第二种控责而言,它们又太过强大了,并且塑造了人类社会,对于那些制造出它们的科学而言,其社会建构的过程又隐蔽不见。……在第一种控责之中,社会是如此之强大并且是一种自成一类的存在,……然而,在第二种控责之中,它却变得软弱无力,反过来被那强有力的客体所塑造,其行动也完全由客体来决定。"②

实际上,第一种控责针对的就是所谓的社会实在论,而第二种控责针对的则是所谓的自然实在论。如何协调这两方面的控责,社会学家采取了一种新的思维方式,那就是在自然与社会的内部进行二元的区分。即将自然和社会均分割为两个部分。就自然而言,在第一部分的

---

①　Bruno Latour. We Have Never Been Modern [M]. Cambridge:Harvard University Press,1993:52.

②　Bruno Latour. We Have Never Been Modern [M]. Cambridge:Harvard University Press,1993:53.

清单中包含了其"更软"的部分，即社会范畴的投影屏幕；第二部分则包含其"更硬"的部分，即那些决定人类范畴之命运的原因：科学和技术。同样，对于主体/社会一极而言，也可以做这种二元的分割，其中"更硬"的部分是自成一类而存在的社会因素，而"更软"的部分则由科学技术发展的力量所决定。SSK 将社会的"硬"的部分用于"软"的客体，而"硬"的客体却又仅仅被运用于社会的"软"的部分。这样，他们构造了可靠的社会科学，并且接受其所完全信任的自然科学，从而确立了社会秩序，并进而否定了他们不相信的那些社会实践。表面看来，社会学家的这种协调方案极为有效，但实际上，这种解决方案的直接效果就是使得科学社会学演变为了 SSK，这种解决方案的实质则是爱丁堡学派所倡导的社会建构论的不对称性立场，但实际情况正如拉图尔所说的那样："社会并不是如此强大，也不是这般脆弱；客体既不脆弱至斯，也不强壮至斯。"①于是，科学主义者对 SSK 这种不对称的立场发起了反攻，使得 SSK 陷入了无法自拔的困境，即使诉诸辩证推理也于事无补。

在拉图尔看来，要摆脱以上困境，必须建立拟客体的观念。那就是通过拟客体将客体/自然与主体/社会两极连接起来，但拟客体位于两极之间、之下（这里的两极"之间""之下"究竟意味着什么？稍后将结合下一主题加以阐述）。"与自然的'硬'的部分相比，拟客体更加社会性，更加具有被构造性和集体性，但它们绝不是一个成熟社会信手拈来的容器。另一方面，与社会投映（我们并不知道为什么会有这种投映）之上的那些无形屏幕相比，它们又更加实在、更加非人类、更加客观。"②由此，借助"拟客体"这一概念，拉图尔深化了他的广义对称性原则。在拉图尔看来，自然和社会并没有截然的区分，科学在改变我们思维和观念的同时，也在制造和再制造着自然和社会。拉图尔指出，广义对称性原则将引发一场新的"哥白尼革命"，并终将把 SSK 从原来的死胡同中解救出来。因此，建立在广义对称性原则以及拟客体概念上的科学知识的本体论又一次发生了转变，由社会建构论意义上的社会本体论演变为异质建构论意义上的物我一体的混合本体论。

①　Bruno Latour. We Have Never Been Modern [M]. Cambridge：Harvard University Press，1993：55.

②　Bruno Latour. We Have Never Been Modern [M]. Cambridge：Harvard University Press，1993：55.

（三）强调科学知识异质建构的时间之维

在拉图尔看来，拟客体是位于自然/客体与社会/主体这两极之间、之下的一个新的实体，位于两极之间是指拟客体是自然/客体和社会/主体的一种混合物，它兼具两极的部分特性。而位于两极之下又如何理解呢？在我们看来，拉图尔在此处强调的是科学实践或异质建构的时间维度，换言之，不仅要看到拟客体在共时性意义上的混合，还要看到拟客体形成过程中的历时性演化，要充分考虑到实体形成的历史性因素。在拉图尔看来，现代人往往将一些事物说成是纯社会的，另一些事物说成是纯自然的，但有些正如拉图尔的拟客体那样，它们"不仅"被视为自然的，"而且"也具有一定的社会性。倾向于自然的分析者一般被称为实在论者，倾向于社会的分析者一般被称为建构论者。如果将自然与社会作为一个坐标轴的两极，并作出图 4-3，那么，想在两极之间获取一席之地者，则会创造出不计其数的联合体，也就是拟客体，以将自然与社会混合起来。

那么，通过图 4-3 如何体现出拟客体的时间维度呢？拉图尔将存在与本质作为与自然和社会垂直的另一条轴线，并认为在萨特看来的存在先于本质的观念也同样适用于这里的拟客体，同时以"真空"这一拟客体的演化为例做了进一步的说明。在图中，真空被依次分为真空 1 至真空 5，但在拉图尔看来，我们没有必要在真空 5（一种外在自然的实在，其本质并不取决于任何人）与真空 4（西方思想家多个世纪以来就想为之提供表征）之间进行选择。换言之，如果它们趋于稳定，我们就能够在两者之间进行选择。但问题是，真空 1 在波义耳的实验中并不稳定，我们无法判断它是自然的还是社会的，而只能认为它只是实验室出现的人工物。而真空 2 则是人类制造的人工产物，除非它转变为真空 3，因为真空 3 开始成为与人无关的实在。然而，究竟什么是真空？拉图尔认为，这些位置都不是真空，真空从本质而言应该是一种轨迹，它将所有这些联合连接起来。换言之，"空气弹性拥有了自己的历史"[①]。

---

① Bruno Latour. We Have Never Been Modern [M]. Cambridge：Harvard University Press,1993:86.

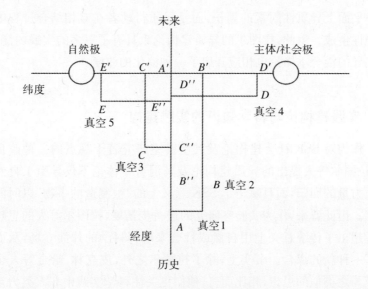

图 4-3　异质建构的时间之维①

由此看来，拉图尔的以上分析显然将时间维度带进了对科学的理解。但是多年以来，人们理解世界的方式却经常局限在一维的构架之上，就如同将代表真空 1 到真空 5 的各点（A、B、C、D、E）投影到自然与社会之轴上的那些点（A'、B'、C'、D'、E'）一样，完全忽略了事实的时间维度。正如拉图尔所言："在现代性的方案看来，这里什么都没有发生，因为除了自然与社会两极（整个实在栖息于其中）在此相会之外，别无他物。"②换言之，这些投影到直线上的点只是事实的一种影像，而不是事实本身。然而，在这一直线上的不同学派，他们却围绕着对真空的解释，争论了几个世纪。实在论者认为无人可以建构这样一个真实的事实，而建构论者则说事实来自于他们双手的建构，而居于其间的第三种派别则在此两种意义的事实之间摇摆不定。由此，如果引入了对事实描述的时间性或历史性纬度，一些不必要的争论将即刻消失。换言之，如果需要对事实做出严格的描述，那么对事实演化的时空脉络也必须加以清晰说明。结合拉图尔的异质建构论，我们可以认为，科学不是

①　Bruno Latour. We Have Never Been Modern［M］. Cambridge：Harvard University Press，1993：86.

②　Bruno Latour. We Have Never Been Modern［M］. Cambridge：Harvard University Press，1993：87.

单一平面上异质性因素的累积，而是异质行动者在互相结合过程中的历史性生成。由此，拉图尔的异质建构论也具有了更多的实践内涵，而其倡导的混合本体论也相应开启了一种演化的纬度。

三、实践建构论与科学知识的实践建构

作为对 SSK 社会建构论及其实验室研究若干观点的一种改良方案，拉图尔等人提出的异质建构论及其混合本体论不仅导引了自然或物质力量的回归，而且赋予了 SSK 意义上的"被制造的事物"以时间的纬度。由此看来，作为实验室研究的进一步拓展，拉图尔等人的思想已远远超出了传统意义上用自然或社会来解释科学的片面立场，从而走向了一种新的综合。事实上，除了拉图尔之外，皮克林、哈金等人也提出了与之类似的思想，相比而言，他们更关注科学实践中非人类力量的作用，尤其是物质与观念的作用，并认为科学实践是一种在时间的过程中遭遇阻抗与不断适应的筑模过程，由此建议我们，对科学的理解应该从原来的静态分析转变为动态实践。同时，科学既是知表征也是做干预的过程，从实践的角度来理解科学有助于传统科学哲学问题的全新解决。而这些新的思想和观念在皮克林和哈金等人的作品中得到了很好的阐述。如果说拉图尔的行动者网络理论导引了一种实践的科学观的出现，那么皮克林的《作为实践与文化的科学》与《实践的冲撞》以及哈金的《表征与干预》则可以看作是对实践科学观的具体推进。由此产生的实践建构论及其相关结论也可以看作是实验室研究拓展过程中另一种极具代表性的改良方案。

《作为实践与文化的科学》是皮克林编著的一本论文集，在书中，皮克林认为 SSK 把科学作为一种知识来探究，而在他看来，科学应该被当作一种实践来把握。在皮克林的《实践的冲撞》中，他将"冲撞"一词解读为科学实践中、目标指向的以及目标修正的阻抗与适应的辩证法，并认为这是科学实践的一般特征。与拉图尔建立在异质建构论基础上的实践科学观相比，"实践的冲撞"突出强调的不仅是对真实的科学的关注，而且是对科学的操作性语言描述的注重。在哈金的《表征与干预》中，作者以科学实在论为中心论题，将全书分为"表征"和"干预"两大部分，并指出科学实在论的哲学问题不能只凭理论来解决。在哈金看来，建基于实验哲学的干预实在论将为传统的实在论问题提供一种

全新的解释方案。概言之,在一批学者的推动下,一种关于科学知识的实践建构论逐渐变得清晰起来。

(一)实践建构的基础:异质性力量的舞蹈

20世纪80年代以后,随着SSK向后SSK的转向,科学元勘研究者对科学实践的日常细节的兴趣与日俱增,在对这些细节的考察中,研究者逐渐发现,科学知识的形成并非受单一社会因素的持续影响,而是多种异质性要素的聚合。就如拉图尔的行动者网络理论所述的那样,人类和非人类的要素对于科学知识的建构而言具有同等的作用。然而,皮克林指出:"他们所提及的科学的所有纬度(如概念的、社会的、物质的)必须被视为是片断的、分立的和不连贯的。"①正因如此,皮克林的《实践的冲撞》就是对拉图尔的行动者网络理论的进一步改良。如他所言:"如果我的这本书能够被看作是与行动者网络理论进行一个建设性对话的尝试,我将倍感荣幸。"②皮克林的主要工作就是将这些异质性的要素联结起来,冠之以力量的舞蹈,并赋予其冲撞的内涵。

在皮克林看来,科学知识实践建构的基础是一种异质性力量的舞蹈,科学知识的建构过程是多种异质性在时间中的瞬时突现过程。在皮克林的理论体系中,这种异质性力量主要分为物质力量与人类力量两种,而其中的物质力量主要是指科学研究中的仪器、设备以及实验的组织体系等等。对于科学知识的建构而言,虽然拉图尔和皮克林均认为其基础是多种异质性要素的并行与耦合,但在他们各自的理论体系中,异质性要素之间的关系却并不相同。通过对二者的比较,可以更准确地理解皮克林的异质性力量的内涵。在拉图尔看来,科学知识的建构来自于行动者网络的形成与扩散,而网络中的每一个行动者,不管是人类力量还是非人类力量,他们均具有相同的地位,具有完全的对称性,在人类与非人类的作用过程中,各种力量可以彼此不断地生成、消退、转移、变化,循环不已。但在皮克林看来,即便是人类力量与物质力量之间存在着密切的联系,并共同构成了科学知识得以建构的基础,但是这二者之间还是存在着很大的不同。在皮克林看来,这种不同主要

① Andrew Pickering. The Mangle of Practice: Time, Agency, and Science[M]. Chicago: University of Chicago Press, 1995: 2—3.

② Andrew Pickering. The Mangle of Practice: Time, Agency, and Science[M]. Chicago: University of Chicago Press, 1995:11.

体现在两个方面：第一，拉图尔的观点实质上是认为人类力量与机器力量之间可以相互代替，但在皮克林看来，这种说法是不对的，因为我们无法想象人类的智能和体能的结合能够代替望远镜，更不用说电子望远镜、原子弹等。第二，人类力量与物质力量的对称性破缺还表现在"人类具有动机性"方面。皮克林是在日常的意义上使用动机这一概念的，并认为动机指的是这样的事实："科学活动是基于特定的计划、围绕特定的目标而特别组织起来的。……科学家通常基于看得见的未来目的而工作，而机器无论如何不会这么做。"①由此看来，拉图尔和皮克林虽然都强调科学知识建构过程中的异质性要素，但他们对于这种异质性要素之间关系的理解却大不相同。

　　需要指出的是，虽然皮克林与拉图尔对异质性力量之间关系的理解存在着差异，但他们均认为，作为实践建构基础的物质力量与人类力量在被任何机器的力量捕获之前，还是存在着绝对的并行性，只不过这两种并行的力量在皮克林的理论体系中更具有拟人的色彩，正如他说的那样："无论是人类力量还是物质力量都是狂野的、未被驯服的。然而，人类的目标和动机力量并非过于狂野，它们已经部分地被驯化，……已经就范于它们所处的文化的状态。"②由此可见，皮克林的实践建构论在本质上依然是多种因素的异质性建构，相对于拉图尔的异质建构论，他更强调人类力量的动机性，并认为这种动机受特定时期文化的影响。此外，他还将物质力量的作用放到了一个更加显著的位置。在皮克林看来，他所谓的人类力量与物质力量的并行与交织具有一些不同于拉图尔的新特点：首先，现存文化动机仅仅是部分的预先制约。其次，对于科学实践的目标来说，如果现存的机器运作领域只是充当突现特性的表面，那么人类力量则会与已经被捕获的物质力量紧密相关和相互交织，这种被捕获的物质力量恰恰又是受制约的人类活动与机器运作反复调解的结果。尽管二者不能相互替代，人类动机世界依旧构成性地参与物质力量的世界。最后，调节可以转换科学实践的目标。科学家不会孤注一掷地固定其活动目标，并且无论发生什么事情，始终

---

① Andrew Pickering. The Mangle of Practice: Time, Agency, and Science[M]. Chicago: University of Chicago Press, 1995:17.

② Andrew Pickering. The Mangle of Practice: Time, Agency, and Science[M]. Chicago: University of Chicago Press, 1995:18

坚持这种目标不变。① 由此可见,皮克林的实践建构论是对拉图尔的异质建构论的进一步改良,改良之后的理论具有更强的灵活性,其解释功能也将更为强大。

(二)实践建构的工具:操作性语言描述

皮克林的实践建构论这一理论体系的建立,离不开他对操作性语言描述这一叙事工具的引进和运用,只是借助这一有效的工具,他的实践哲学才生发出前人没有的新内容。应该说,他对操作性语言描述的运用是建立在他对传统观点的反思之上的。事实上,传统哲学的话语体系都以表征性语言描述作为其理论展开的基础,无论是反映论的真理观还是实证论的真理观,它们都将科学知识看作是对客观世界的表征,它们要么先验地认为科学知识是对自然世界的反映,要么借助后人的"经验证实"的方式来言说科学与世界之间的关系。正因如此,它们的叙事都停留在表征性语言描述的基础之上。然而,什么是关于科学的表征性语言描述呢? 皮克林认为:"表征性语言描述视科学为寻求表征自然并产生描摹、映照和反映世界的真实面貌的知识的活动。"②有基如此,它必将面对传统的认识论难题,即科学是否恰当地表征了自然。此外,它还会导致诸如实在论和客观性等一系列哲学问题的产生。从表征性语言描述的视野看去,人或事物以自身影子的方式显示自身,而科学家则运用观察和实验等方法来揭示客观事物的真相。此时的自然完全是被动的,自然的规律有待人类不断地去揭示。

皮克林不同意以上对科学的理解方式。在他看来,我们除了将科学看作是对世界的一种表征之外,实际上还有另一种思考科学的方式,那就是:"世界不只充满着观察和事实,而且充满着各种力量。在我看来,世界处在始终不停地制造事物之中(doing things),各种事物并非作为智慧化身的观察陈述依赖于我们,而是作为各种力量依赖于物质性的存在。……我们应该视科学(自然包括技术)为一种与物质力量较量的持续与扩展。进一步说,我们应该视各种仪器与设备为科学家如何

① Andrew Pickering. The Mangle of Practice:Time, Agency, and Science[M]. Chicago:University of Chicago Press, 1995:18—20.

② Andrew Pickering. The Mangle of Practice:Time, Agency, and Science[M]. Chicago:University of Chicago Press, 1995:5.

与物质力量加以较量的核心。"①由此看来,皮克林对科学的思维方式已越出了表征性语言描述的范围,他开始将科学实践看作是一种人类力量与物质力量的相互较量的过程,是一种异质性力量的舞蹈,而不是简单的对自然世界的表征。于是,科学从表征走向了实践,表征性语言描述也终将被操作性语言描述所替代。

皮克林通过对科学的表征性语言描述向操作性语言描述的转换,不仅扩展和丰富了科学元勘的既有领域,而且就传统科学哲学中的诸多经典问题如"实在论""不可通约性"等提出了新的解决路径。对于解决"表征难题",消除科学认识能否以及如何真实反映实在的问题均提出了新的解释维度。在哈金看来,重要的是对科学实践过程本身的关注,而不是对科学结论的回溯式思考。他认为:"历史不是我们思考的东西,而是我们的行动本身。实在更多的是与我们的行动有关,而不是与我们的思考有关。"②

需要指出的是,皮克林虽然将操作性语言描述作为其理论拓展的工具,但他并不排除表征性语言描述的作用。如他所言:"思考科学实践的物质操作性,并不意味着我们可以忘记科学的表征性质。……操作性语言描述包含着对表征性语言描述的关注,它使我们摆脱以纯粹持有的知识来理解科学,从而走向对作用于科学的物质力量的承认,走向知识和物质力量的重新平衡。"③正是皮克林对操作性语言描述的强调,才使他的科学实践哲学更为彻底,他对科学知识的实践建构论主张也更加具有说服力。

(三)实践建构的方式:实践的冲撞

如果将拉图尔关于科学知识的建构方式称为行动者网络理论或异质建构论,皮克林的观点则可以称为实践建构论。那么,皮克林的实践建构论究竟是怎么实现科学知识的实践建构的呢? 在皮克林看来:"实践的、目标指向的以及目标修正的阻抗和适应的辩证法,便是科学实践

---

① Andrew Pickering. The Mangle of Practice:Time, Agency, and Science[M]. Chicago:University of Chicago Press, 1995:6—7.

② Ian Hacking. Representing and Intervening[M]. Cambridge:Cambridge University Press,1983:17.

③ Andrew Pickering. The Mangle of Practice:Time, Agency, and Science[M]. Chicago:University of Chicago Press, 1995:7.

的一般特征。这也正是我称之为实践的冲撞，或说冲撞的要旨所在。"①由此看来，实践的冲撞是皮克林的科学知识实践建构的基本方式。在皮克林看来，"冲撞"是对实践辩证法的便捷而蕴含丰富的一种速记，它的诱人之处在于，它恰当地勾画出机器捕获和人类动机的突现式的重构和相关交织。他同时指出："我所指出的物质力量与社会力量的轮廓在实践中的冲撞，其内涵在阻抗和适应的辩证运动中被突现式地转换与刻画。"②然而，要准确地理解皮克林"实践的冲撞"的基本思想，还得首先理解他的"瞬时突现"和"后人类主义"概念。

"瞬时突现"是皮克林反复强调的一个概念。在他看来，所谓的瞬时突现，简单而言就是在科学活动中或在时间维度上发生的一种纯正的偶然。正是这种偶然性的存在，将导致实践的冲撞的不可预测，并作为一种偶然性的力量对科学实践中将要发生的事情进行解释。在皮克林看来，科学实践的过程就是一个基于一定目标的筑模过程，它是一种力量的舞蹈，并通过阻抗与适应的辩证运动在力量的舞蹈中得以实现。而这种阻抗何时发生，适应又在何时能找到，则很难预期，很有可能表现为一种瞬时的突现。关于这一点，皮克林借助 1840 年哈密尔顿的数学工作做了例证。在哈密尔顿时期，数学上已经确立了复数与几何之间在运算与平面上的元素之间的一一对应关系，哈密尔顿的初始动机是想将这种对应关系扩展到三维空间，结果他以这种方式扩展了代数，但以另一种方式扩展了几何，但这二者之间却未能相互适应。由此，哈密尔顿的数学实践出现了阻抗，而此时出现的阻抗具有瞬时突现性，之前并没有预期。如何解决这种三元代数与三维几何之间的阻抗并找到适宜的方案呢？哈密尔顿虽然进行了多次尝试，但最后均归于失败。然而，一次偶然的机会，或者理解为是一种瞬时的突现，他将非交换概念带入代数，确立了四维而不是三维的空间，代数与几何之间互相适应的方案才找到。由此看来，科学实践的过程经常可能是一种阻抗与适应相互冲撞的过程，并表现为在时间上的瞬时突现性，而且这种冲撞还是反复发生的，就像皮克林所说的那样："这种冲撞模式无限制地重复

---

① Andrew Pickering. The Mangle of Practice：Time，Agency，and Science[M]. Chicago：University of Chicago Press，1995：23.

② Andrew Pickering. The Mangle of Practice：Time，Agency，and Science[M]. Chicago：University of Chicago Press，1995：23.

自身,阻抗与适应的力量在这种持续的、不可预期的冲撞中突现。"①

要完整地理解皮克林的实践的冲撞思想,除了首先理解他的瞬时突现概念外,还得理解他的后人类主义主张。在皮克林看来,在他之前,学界比较有代表性的思潮可分为两种:一种可称之为人类主义或现代主义;另一种可称之为反人类主义。而传统的 SSK 是人类主义的典型代表,他们认为人类力量是科学活动的中心,并认为科学知识是一种社会建构的产物,而这种立场实际上是二元论立场对社会一极过度倾斜的体现。反人类主义则主要来自于科学家和工程师群体,他们强调物质力量的主体地位,并反对科学活动中出现的人类中心化立场,这实质上是二元论立场对自然一极过度倾斜的体现。由于人类主义与反人类主义各执一端,它们经常存在着争论,争论的主题往往是"科学是对自然世界的表征还是人类的主观建构"等等,这种争论不仅渗透到他们的日常思想中,还导致了人文文化与科学文化的相互背离。如同拉图尔借助广义对称性原则对现代主义或是二元论的批判那样,皮克林则借助后人类主义试图协调上述两种敌对立场。皮克林指出:"冲撞与行动者网络不仅整合了各种力量空间,使得人类力量与非人类力量在同一时间共现,而且以各种不同的方式坚持人类力量与非人类力量的相互交织和相互界定。"②事实上,皮克林对后人类主义的寻求就是对物质力量的强调,是对传统科学哲学和 SSK 的批判性综合。在皮克林理论体系中,它对操作性语言描述的寻求,不仅为科学活动的说明提供了新的理论工具,而且也弥合了人类主义与反人类主义者之间的沟壑,并导引了一种后人类主义的哲学主张。从后人类主义的立场看来,人类行动者与非人类行动者依然存在,它们之间相互缠绕,人类也不再是科学活动的主体和行动中心。由此,人类与世界之间的关系也发生了转变,它们不再受某一个中心的支配,而是"世界以我们建造世界的方式建造我们"③。

正是基于皮克林对瞬时突现与后人类中心的强调,他的"实践的冲

---

① Andrew Pickering. The Mangle of Practice:Time, Agency, and Science[M]. Chicago:University of Chicago Press,1995:24.

② Andrew Pickering. The Mangle of Practice:Time, Agency, and Science[M]. Chicago:University of Chicago Press,1995:25—26.

③ Andrew Pickering. The Mangle of Practice:Time, Agency, and Science[M]. Chicago:University of Chicago Press,1995:26.

撞"的建构方式才更具有瞬时生成的意味和对隐藏秩序的追求的脱离。概言之,皮克林通过对实践建构基础的考量,借助操作性语言这一叙事工具,通过对物质力量的强调和对后人类主义的褒扬,进而提出了一种"实践的冲撞"的实践建构论哲学,这无疑是对前人观点的批判性综合,也为传统科学哲学问题的重新阐释提供了新的思路。

四、实践建构论的解释功能

实践建构论既可以看作是对社会建构论纲领下的实验室研究的拓展,也可以看作是对拉图尔异质建构论的改良。在皮克林和哈金等人的推进下,关于科学的讨论已发生了巨大的变化,基于一种实践的科学观,借助于科学的操作性语言描述,一些传统的科学哲学问题,诸如实在性、不可通约性等均得到了全新的阐释。这无疑为扩展科学哲学的问题域,引领科学哲学的进一步发展提供了新的契机。

(一)科学实在论及其实践阐释

实在论是哲学认识论的一个范畴,是关于知识的本质问题的研究和讨论。发生在科学实在论者与反实在论者之间的争论贯穿了自 20世纪 60 年代以来的大部分科学哲学主题,其争论时间之长,争论程度之激烈实在难以言表。在此,仅结合科学实在论与反实在论之争的简要回顾,导引出科学实在论问题的实践阐释。

科学实在论者相信,科学理论为我们提供了关于不可观察的理论实体的本体论与认识论的陈述,并且认为有很好的理由可以使人相信不可观察的理论实体的本体性。他们对于科学实在论的辩护,主要采用的是"逼真论证"策略,这种论证的核心思想是:只有站在实在论立场上,才能解释实验现象和科学的成功,而不使科学成为某种奇迹。

科学实在论者与反实在论者存在着巨大分歧,其核心在于,前者认为科学理论之所以成功是因为作为科学真理的理论是对客观实在的反映,而后者则认为科学的成功与否与科学是否是真理以及真理是否对应实在无关。在这种分歧之外,他们共享着对科学理性、科学的成功和进步的承认。

在现代以后,反实在论始终是科学哲学的一条主线,目前看来,各种反实在论大致可以归结为以下五种派别:①现象主义。在现象主义看来,知识是一种感觉证据的派生物,命题的意义就在于它可以观察,如果理论实体不可观察,那它就是一种虚构的陈述。②操作主义。操作主义认为科学理论或定律对应着一组操作,科学中概念的适当定义并不依赖于事物的性质,而是与实际的操作相关。并且,当且仅当科学术语被赋予一组操作定义时,科学术语才拥有其意义。③实用主义。在实用主义看来,理论并不能提供一种关于世界的真实图画,而是提供一种比以前的理论更具解题能力的理论。即使理论不是真理,只要它具有足够强的解题能力,就是好的有用的理论。因此,理论的真理性与理论的功用之间并不相干。劳丹就曾指出,对于逼真实在论,我们只能将其作为一种理论上的追求。由于它不具有可操作性,而且无法排除先前被证实的理论在后来又被证伪的情况发生。因此,理论之所以成功,仅仅在于它有效,它具有更强的解决问题的能力,而不意味着它一定更加接近真理。④建构经验论。范·弗拉森是其最杰出的代表。在他看来,科学是一种建构而非发现的活动,但这种建构是适合于现象的模型建构,而不是试图发现不可观察物的真理。① 科学的目的在于追求理论在经验上的适当性,而经验的适当性依赖于理论是否可观察。当理论的结构与可观察对象的结构同一时,理论就"拯救了现象",该理论也就具有了经验的适当性。⑤社会建构论。SSK 是这种派别的主要代表。在社会建构论看来,科学是一种社会性的建造活动,而不是对自然的镜式反映。SSK 在用社会性消解自然实在性的同时,对科学知识的真理性、客观性,连同对科学事业的理性和进步性均做了全面否定。纵观以上五种比较有代表性的反实在论观点,可以发现,它们的本质都是工具主义,它们并不认为科学是朝着世界是怎么样的真实图画发展的,而只不过是通过使用来证明的工具或手段,而非真理。

事实上,实在论与反实在论之争远远没有结束。之后,普特南对科学实在论做了新一轮辩护,并进一步提出了所谓的内在论的实在论。然而,如果实在论与反实在论之间的争论仅仅局限在表征性语言描述的范围,很难取得实质性的突破。就如哈金所言:"还有一种哲学的反哲学,它认为,整个实在论与反实在论的讨论都是没有意义的,它建基于一种伴随我们的文明的原型,一种用知识去表征实在的图像。如果

---

① 范·弗拉森.科学的形象[M].郑祥福,译.上海:上海译文出版社,2005:导言,6
—7.

把思维与世界相符合的想法摆在恰当的位置——扔进坟墓，那么我们会问，实在论与反实在论会不会很快随之消逝呢?"①这实际上是对表征实在论的一种消解，我们唯一要做的，就是超越表征实在论的思维模式，而接下来皮克林和哈金的工作则恰恰为科学实在论的实践阐释提供了新的思路。

在《实践的冲撞》中，皮克林将他倡导的实在论称为冲撞意义上的"实用主义实在论"。② 这种实在论不仅关注机器操作和表征链，而且关注操作和表征链在时间演化中如何实现彼此联合。在皮克林看来，知识和我们所处世界之间的链接，已经在莫柏哥的夸克探索实验中充分展示出来，非确定的成就在真实时间的实践中得以实现。由此看来，皮克林对实在的理解已超出了传统实在论对实在的理解。皮克林的实用主义实在论以建立在真实时间之上的科学实践为基础，它不再是一维的直线或二维的平面意义上的实在，而是一种跟随真实时间展开的过程序列，这种过程本身就是一种实在，一种过程客观性的实在，不可还原，这种实在也不再是简单的对世界客体在某一个时间点上的表征。

在皮克林看来，传统意义上的实在论都建立在表征主义的意义之上，而表征主义实在论经常讨论的问题是"科学知识是否真实地反映、代表了我们的世界?"对于这一问题，科学实在论者往往持肯定的回答，而反实在论者的回答则恰恰相反。事实上，科学知识是否真实地反映了我们的世界具有最大的不可检验性，如果关于实在的争论始终停留在表征语言的范围，始终采取的是反映论的思维方式，这一争论将永远不会结束。而如果将实在论问题拓展到操作语言描述的范围，一些建立在反映论基础之上的实在论问题将最终被消解。哈金也指出："仅仅专注于把知识视为对自然的表征，我们疑惑我们如何能够从表征中逃逸出来，如何能够与我们的世界携手……杜威曾经对始终沉迷于西方哲学的知识旁观者理论做了讽刺性的论述。如果我们在生活的剧院中仅仅是旁观者，我们如何能够在上演剧目的内在意义上知道演员究竟

---

① Ian Hacking. Representing and Intervening[M]. Cambridge：Cambridge University Press，1983：25.

② Andrew Pickering. The Mangle of Practice：Time，Agency，and Science[M]. Chicago：University of Chicago Press，1995：183.

表征了什么？如何知道真实的过程到底是什么？"①由此看来，将科学知识视为对自然世界的一种表征，看到的只是知识生产的结果，而对生产的过程一无所知。但关键是知识生产的结果与其过程密切相关，在生产过程中，各种偶然性因素的出现都将对生产的结果产生影响，而这种影响一旦形成，就会直接体现在科学知识的结论之中。因此，脱离过程的表征知识只是知识的一个局部，对科学知识的完整说明还离不开对知识生产过程的与境的说明。

如果以操作性语言描述替代表征性语言描述，传统科学哲学的实在论问题将被赋予全新的意义。其原因在于：反映论的实在论强调知识与世界本身的无时间演化的反映关系，而冲撞意义上的实在论则将科学实践的时间性放在非常显著的位置。在实践中，知识与世界之间的关联通过机器操作与概念操作之间的相互作用使稳定得以建造起来。由此，以实践为基础的实用主义实在论无须担心表征主义实在论经常担心的"科学知识完全漂浮于其反映的客体之上"的问题。在皮克林看来，对科学实践的分析就是对科学知识生产的情景以及路径依赖的分析，而这种分析的价值和意义在于对科学本身的价值与意义的理解。皮克林认为："在任何时候，经验知识和理论知识的功用都不仅仅在于对世界的描述，更重要的是对世界给出作为社会的、学科的、概念的以及物质的综合的特定说明。"②由此看来，对科学知识生产过程的情景与路径依赖的分析，对科学实践过程中偶然性因素的考虑依然具有重要意义。其意义体现在：筑模维项的试探性的固定、阻抗的产生、适应策略的形成以及所有这一切中包含的成功与失败都存在着偶然性，而所有这些偶然性不仅建构着实践，还建构着实践的产物。因此，此时的科学知识不再是表征主义意义之上的空中楼阁，而是以诸多的偶然性因素的相互作用为支撑的理论实体。从这个意义上说，如果将实用主义的实在论看作一种几何意义上的立体，那么，反映论的实在论则是这种立体的一个切面。如果从实用主义的实在论来看反映论的实在论，则给人的感觉是："冲撞过程的情景与路径依赖以某种方式、在某些

---

① Ian Hacking. Representing and Intervening[M]. Cambridge：Cambridge University Press，1983：130.

② Andrew Pickering. The Mangle of Practice：Time，Agency，and Science[M]. Chicago：University of Chicago Press，1995：185.

时刻被冲刷掉了，因此，科学知识最终汇聚为对自然的镜像反映，这种镜像反映与科学实践始于何处、走向何方毫不相干。"①由此看来，实用主义的实在论更加关注科学实践的过程，更加关注偶然性因素在实践过程中的作用，因此，它是一种完全不同于反映论实在论的思维方式。

与皮克林的观点相似，哈金也认为传统的建立在表征性语言描述基础上的反映论的实在论无法结束实在论与反实在论的争论，唯有从表征走向操作，才有可能走出这一争论的误区，给实在论问题的解决带来新的出路。与皮克林的实用主义实在论不同的是，哈金的实在论更强调科学实践的干预特征。在哈金看来："一切我们能够用来干预世界从而对其他东西产生影响或者世界能够用来影响我们的，我们都可将其看作是实在的。"②从这个意义上说，哈金倡导的实在论是一种干预实在论。

在哈金看来："实验有自己的生命，它以多种方式与思辨、计算、建模、发明、技术互动。虽然思辨者、计算者和建模者可能是反实在论者，但是实验者一定是实在论者。……电子变成了工具，其实在性被认为是理所当然的。不是思考世界，而是改造世界，最后必定让我们成为科学实在论者。"③就像哈金借助对电子所做的解读那样："对我而言，如果你能发射它们，那么它们就是实在的。"④这就是哈金的干预实在论。正是实验科学对自然的干预，我们才有了实在的根据，才找到了实在论的坚实基础。

(二)不可通约性及其实践阐释

纵览 20 世纪以来的科学哲学史，许多哲学家都将他们的研究重点放在了研究科学的发展与变化上，就如波普尔所说的那样：认识论的中心问题从来是，现在仍然是知识的增长问题，而研究知识增长的最好方法就是研究科学知识的增长。大致说来，研究科学变化过程的学者可

---

① Andrew Pickering. The Mangle of Practice：Time，Agency，and Science[M]. Chicago：University of Chicago Press，1995：185.

② Ian Hacking. Representing and Intervening[M]. Cambridge：Cambridge University Press，1983：146.

③ Ian Hacking. Representing and Intervening[M]. Cambridge：Cambridge University Press，1983：13—14.

④ Ian Hacking. Representing and Intervening[M]. Cambridge：Cambridge University Press，1983：23.

以明显地区分为两个派别,一派强调科学思想不断地发生着革命的突变,如以库恩为代表的历史主义;另一派则认为整个的科学史表现出巨大的连续性,如以石里克、卡尔纳普等为代表的逻辑实证主义。

"革命"派强调暗含在相继科学时期中截然不同的本体论,如亚里士多德相信空间充满着物质,而17世纪的原子论者则相信虚空。与此相反的是,"渐进主义者"强调科学在某种程度上总是设法保留大多数以前已做出的发现。即使出现了爱因斯坦,当代机械师还是在继续使用牛顿时代科学家所做出的几乎全部方法,并由此指出,许多看上去是根本性的概念革新,实际上只不过是传统概念要素的巧妙并置与重组。虽然这两个编史学派都关注科学史的重大特性,但却未能将它们有效地统一起来。

不可通约性作为一个哲学论题,在20世纪60年代之后随着库恩和费耶阿本德等人的论著得以扩展开来,并演化为科学哲学的经典问题之一。事实上,"不可通约"作为一个词并非库恩首创,在希腊数学中,它的含义很明确,意思是"没有共同的量度"。这里指的是长度之间的不可通约,如正方形的对角线与它的边长没有共同的量度,换言之,$\sqrt{2}$不是m、n这样的有理数。作为革命派的代表,很多人(如汉森、库恩、费耶阿本德等)强调相继研究传统之间的不可通约性,甚至有持极端革命态度的人提出,革命前后的理论是如此的不同,以致它们之间不可能有丝毫的相似之处。在他们看来:"科学史只是一系列前后相继的不同的世界观,在如此相异的宇宙图式间绝不可能做出合理的选择。由于每一种宇宙图式都有自己内在的基础和统一性,因此一种图式比另一种图式更合理(或更不合理)的说法不可能有任何意义。"①换言之,在他们心目中,相互竞争的理论由于无法完全比较,所以也就无法确定哪个更加符合事实。在哈金看来,这种关于不可通约性的理解至少包含三种观念:①论题的不可通约性:相互竞争的理论可能仅仅部分重叠,所以不能全面比较它们的成败。②断裂(dissociation):经过充分的时间与理论变化之后,后来的时代几乎无法理解之前的世界观。③意义的不可通约:某些语言观暗示。相互竞争的理论之间总是不能相互理解的,而且从来都是不可翻译的,所以理论之间的合理比较在原则上

---

① 拉瑞·劳丹.进步及其问题[M].刘新民,译.北京:华夏出版社,1999:141.

是不可能的。①

如果多个理论或研究传统之间真的如以上所说的那样不可通约，科学变为一种历史现象，科学哲学将面临两个相互交织的问题：其一，科学的合理性将面临前所未有的危机，因为理论的不可通约导致对其进行公正的评价变得不再可能；其二，科学实在论将面临全新的挑战，因为，科学中发生的革命性变化是与科学理论的本体论转换相伴随的，如现代化学发展过程中关于燃烧现象的解释经历了从燃素说到氧化说的转换。如果前后相继的理论真的是不可通约的，我们如何能确信以前理论的本体论基础是正确的？正如库恩所说，随着每一次的范式转换，我们看待世界的方式也不一样——或许我们生活在不同的世界。我们不会汇聚于一幅正确的图景，因为没有这样的图景。没有迈向真理的进步，只有不断增长的技术。那么真的有实在的世界吗？也许随着下一次范式的转换与科学革命的发生，夸克和基因将被扫荡，如同以前理论的本体论在通往今天的道路上一次次被扫荡一样。对于不可通约性这一概念的把握，最为困难的是如何去理解"生活在不同的世界"这一话语的意义。

作为反实在论阵营中的一员，劳丹对库恩等人的不可通约性论题提出了有力的批判。在劳丹看来，库恩等人之所以认为前后相继的理论或研究传统不可通约，其理由大致如下："科学理论隐含地规定了出现在它们之中的术语的意义。因此，如果两个理论是不同的，那么它们之中的一切术语必定具有不同的意义。……因此，在不同的研究传统中工作的同一领域的科学家不可能相互进行交流，不可能理解对方的陈述。由于这种不可理解性，科学成了一种新的象牙之塔。理论无法进行比较，无法合理评价，因为这种比较似乎需要有描述世界的共同语言。"②劳丹认为，上述对不可通约的论证存在几点错误，而"它的主要错误在于它的如下假定：不同理论间的合理选择仅当这些理论被翻译成对方的语言或第三方的'理论上中性的'语言时才是可能的。"③在劳丹看来，即使观察渗透着理论，我们也能够对相互竞争的理论或研究传统

---

① Ian Hacking. Representing and Intervening[M]. Cambridge：Cambridge University Press,1983：11.

② 拉瑞·劳丹. 进步及其问题[M]. 刘新民，译. 北京：华夏出版社,1999：142.

③ 拉瑞·劳丹. 进步及其问题[M]. 刘新民，译. 北京：华夏出版社,1999：143.

进行客观、合理的比较。劳丹从两个角度做了论证：

第一，从解题出发进行论证。在劳丹看来，对于任何科学领域中的任何研究传统（或理论）来说，我们日常所面对的很多经验问题都是一些共同的问题，如关于光的反射问题、自由落体问题等。就光的反射而言，在整个 17 世纪末期，许多相抵触的光理论（包括笛卡尔、霍布斯、胡克、巴罗、牛顿和惠更斯的光理论）都致力于解决这一问题，即使这些理论或研究传统存在着巨大的差异，它们所指的依然是同一个问题。因此，就不同的理论可以解决相同的问题而言，它们是可以加以比较的，它们无须预先假定在句法上依赖于被比较的研究传统就能得到描述。

第二，从进步出发进行论证。在劳丹看来，即使多个理论或研究传统声称它们对世界所做的真实描述是完全不可通约的，这也不妨碍我们根据一些合理的理由对这些理论（或研究传统）做出评价。例如我们可以问：两个理论中，哪个更简单？哪个已被反驳？或哪个已做出了精确的预言？由于这些特性（包括进步性）能被明确地阐明，因此，即使理论或研究也许不可通约（就它们声称对世界做出的真实描述而言），但这并不能妨碍我们对它们的可接受性做出比较性的评价。基于以上分析，劳丹实际上是从侧面发起了对理论的不可通约性的全面批判。

不管是库恩等人对理论的不可通约的坚持，还是劳丹等人对不可通约的批判，本质上，他们的叙事方式都停留在表征性语言描述的范围之内。对于不可通约问题的探讨与争论，只不过是想表明，关于我们的世界的思想能否影响我们的认识。如果转向对科学的操作性语言描述，则会导致对"不可通约性"的全新理解。

在皮克林看来，库恩意义上的不可通约性仅仅是作为复杂实践过程中的某一个方面的断裂，实际上，如果仔细考察科学的实践过程本身，也许与实验或实验仪器相关的不可通约性也会体现出来。这种思维通过皮克林的《建构夸克》得到了极好的说明。在该书中，皮克林将基本粒子物理学的历史分为前后两个阶段。他将 20 世纪 70 年代之前的物理学称为"旧物理学"，之后的物理学称为"新物理学"。在皮克林看来，新旧物理学之间不可通约，而不可通约的理由在于，两种物理学所做的实验以及进行实验所使用的仪器有所不同。旧物理学以指向靶盘的粒子束实验作为支撑，而新物理学则是一种粒子束碰撞物理学。换言之，这种不可通约性表现为："旧物理学借助一套机器操作把自身与世界联系起来；而新物理学以一套完全不同的机械操作参与对世界的认识和把握。"①因此，皮克林意义上的不可通约相比于库恩而言更具有实践的意味。

哈金的思想与皮克林颇有相似之处，哈金也非常强调科学仪器的作用，他将影响实验室科学稳定性的因素区分为三组：观念、事物和标记，在它们之下还可以做进一步的区分。② 观念主要包括以下子项：问题、背景知识、时事性假说、系统的理论、仪器的模型化；事物的子项有：对象、探测器、修正的资源、工具、数据制造器；标记的子项则包括：数据、数据归纳、数据分析、数据评估、解释等。在哈金看来，实验室科学的稳定性来自于以上多重因素的相互交织。他援引阿克曼的话说："当一类仪器产生的特定种类的数据能被一套理论完整而一致地解释时，一种实验科学就变得稳定。"③基于对这句话的理解，哈金认为，一个理论对于一组仪器给出的测量来说是真的，另外一个理论对于另外一组仪器给出的测量是真的。由此，从数据领域来看："旧理论及其对应的仪器在原处得到了很好的保留。这样旧理论和新理论就在完全直接的意义上具有了不可通约性。它们没有共同的测量，因为适合于一种测量的仪器并不适合另一种测量。"④由此可见，哈金也认为存在着不可通约这种情况，不过此时的不可通约不是简单的理论之间的不可通约，而是一组理论与相应的测量仪器组成的整体与另一组理论与相应的测量仪器组成的整体之间的不可通约，这种不可通约是一种不同于库恩的，更新的、更为根本的不可通约。

五、对实验室研究拓展方案的评价

无论是异质建构论还是实践建构论，它们均可视为是对实验室研究前期的社会建构论主张的改良，这种改良突出的特点就是将以前对

① Andrew Pickering. The Mangle of Practice：Time，Agency，and Science[M].Chicago：University of Chicago Press,1995：189.

② Ian Hacking. The Self－Vindication of Laboratory Science[M]//Andrew Pickering. Science as Practice and Culture.Chicago：University of Chicago Press，1992：43—50.

③ Ian Hacking. The Self－Vindication of Laboratory Science[M]// Andrew Pickering. Science as Practice and Culture.Chicago：University of Chicago Press，1992：53.

④ Ian Hacking. The Self－Vindication of Laboratory Science[M]//Andrew Pickering. Science as Practice and Culture.Chicago：University of Chicago Press，1992：56.

科学所做的单一的社会解释变换为多种异质性因素的共同作用。同时，新的改良方案强调了科学实践的物质力量的重要作用，并认为运用操作性语言能对真实的科学实践做出更好的描述。同时，随着实践建构论的提出，一些传统的哲学问题也有了新的理解，例如关于科学实在论问题，哈金结合实验室研究提出了干预实在论；关于不可通约性问题，其理解也从库恩时代的理论的不可通约演化为理论与仪器、仪器与仪器的更为复杂的多链之间的不可通约。而以上思想的出现对于推动实验室研究向纵深发展具有不可估量的意义和价值。

需要指出的是，虽然异质建构论和实践建构论相对于社会建构论而言，更具有综合性，但其中存在的问题也很多，例如，研究者的理论进路虽然前后经历了对人类力量的强调、对物质力量的强调，最后转为对二者的强调，但他们没有注意到一个非常重要的方面，那就是科学家共同体是一个充满理性的群体，他们的思维方式很难通过外在的说明加以揭示。同时，这种理性力会直接作用于科学实践的过程本身，如何评估这些力量对科学活动的影响，这也许是未来研究的方向。

(一)建构论的演化：从异质到实践

在皮克林、哈金等人的共同努力下，科学知识的异质建构论逐渐过渡为实践建构论。无论是哪一种建构类型，它们理论的生发点都源于研究者对科学知识生产现场进行的实验室研究，都是一种关于知识生产的实践哲学。稍有不同的是，他们的着眼点不一样，卡隆、劳、拉图尔更关注的是实验室内知识生产过程中的人类与非人类要素的平等与对称，各个行动者之间的平权，即使他们对这些要素(如海洋科学家、渔民、扇贝等等)的分析比较全面，对这些要素的刻画比较生动，但是他们的立足点主要还是平面的，虽然他们也谈到过科学生产过程中的时间性，但基于这种对时间的分析，只是将知识生产过程划分为一个一个横向的切面，而较少关注其纵向的演化。虽然通过"拟客体"等一些概念的使用，他们确实消解了传统意义上的主客二分的本体论哲学，但是由于这些分析都停留在表征性语言描述的范围，所以，他们的哲学从本质上来说还没有完全过渡到一种真正意义上的实践哲学。

而在皮克林、哈金等人看来，如果将对科学的表征性语言描述更改为操作性语言描述，则关于科学知识生产过程的把握将更加丰富与生动。如果我们将科学知识看作是一种多维的实践，而不是一维的静态说明，那么我们对科学的解读将更加清晰。科学知识的生产不是多种因素的静态交织，而是一种与时间相关的纵向演化。如果将科学知识生产过程中每个时刻的影响科学的因素作为一个集合，那么这个集合可以看作是对科学实践的某一个维度的表征，而如果将由各个时刻组成的链条连接起来将形成一个多维的表征之链。如果将科学知识的异质性建构看作是对科学知识生产过程的一维表征的体现，那么科学知识的实践建构则是对科学知识生产过程的多维表征的聚合。随着表征之链的纵向演化，各种因素相互交织，从而衍生出对科学的多维立体解读，而这种解读必须通过操作性语言描述才能体现出来。如同哈金所说的那样，作为科学知识重要组成部分的实验室科学将受到观念、事物及其标记的复杂影响，这些影响通过它们的子项的相互作用体现出来。这种影响不仅是同一时间点上的横向关联，而且是时间轴上的动态交织。实验室科学就在多种因素的横向与纵向的多维作用下趋于稳定。

(二)实在论的演化：从表征到干预

应该说，对实验室科学形成过程的深描，催生了对科学知识的实践理解，这种实践理解在皮克林、哈金等人的阐释下变得越来越清晰。通过对科学的实践解读，传统科学哲学的一些问题也被赋予了新的内涵。就科学实在论而言，虽然在科学哲学的发展历程中，实在论与反实在论的争论持续时间很长，截至目前这种争论还没有结束，但有一点是明确的，那就是建立在实践基础之上的实在论具有了新的内涵。在哈金等人看来，实在论有两个来源，一个是作为表征的实在，另一个是作为干预的实在。以前的争论都发生在表征实在的范围，虽然争论很久，但是并没有找到问题的症结和新的突破口，这样的争论理当被扔进坟墓。而如果将干预的实在突现出来，则这种争论将即刻停止。换言之，无论你是否相信科学知识是对客观世界的表征，但有一点你是绝对同意的，那就是："对我而言，如果你能发射它们，那么它们就是实在的①。"当电子作为一个工具时，它的实在性是不言而喻的，这就是哈金所谓的作为干预的实在。同时，由于科学实践是一个与时间紧密相关的复杂过程，其中渗透着操作，渗透着外在因素的偶然性干预，而这种干预会直接左

---

① Ian Hacking. Representing and Intervening[M]. Cambridge：Cambridge University Press,1983：23.

右实验的进行和结论的产生,故这种由操作、干预组成的实践本身便有了作为过程的客观性和实在性,这种操作与极具偶然性的干预将通过某种方式沉淀下来并演化为科学中的一个特异性的基质。因此,此时的科学也就具有了不可回溯的特点。

(三)不可通约的演化:从单一理论到多股链条

不可通约性是由库恩、费耶阿本德等人导引的另一个重要的科学哲学论题。库恩意义上的不可通约主要包括前后相继的理论在研究问题上、概念上以及理论框架上的不可通约。然而,他们这些对不可通约的阐释都以科学的表征性语言描述为基础,如果借用上文对科学实在论的分析方法,科学可以被看作时间序列中的表征之链,那么不可通约性也就相应地具有了新的内涵。因为科学是一种由多种因素组成的共时性与历时性的复杂交织,那么影响科学的各种因素诸如观念、物质以及仪器等等都将可能成为导致科学不可通约的原因。尤其是当各种混杂的因素共同促成了实践中的科学时,它们中的任何一个因素,或是两个因素甚至多个因素之间的组合都有可能导致科学之间的不可通约,此时的情况将变得更加复杂。建立在这种意义上的科学也相继具有了新的内涵。此时的科学不再仅仅是一种静态的理论,一种停留在表征层面的理论,而是由多种因素在时间的序列中逐渐演化的动态立体,因而,操作性语言是对其进行描述的最好工具。从这种理解来看,具有丰富背景并处于不断演化之中的科学,与其他时期的科学相比,将表现出更多的不可通约性,而这种不可通约性将充满着丰富的实践性维度。

如果从建构的角度看,此时的科学是一种极具新意的实践建构,而不是传统 SSK 意义上的单一的社会建构,也不是行动者网络理论意义上的多种因素的静态的异质性建构,而是一种强调操作与干预的建构,这种对科学的理解内生地蕴含着对科学的过程客观性与实在性的解读,而不再仅仅将科学看作是对自然或社会或异质性因素的静态表征。有基于此,此时的本体论也发生了变化,不再是传统科学哲学意义上的自然本体论,也不是 SSK 意义上的社会本体论,而是将异质性要素赋予时间性、过程性的实践本体论。这种本体论对应着实践科学的丰富建构过程,而不再仅仅是对某些因素(如自然、社会等)的简单映射。

可以说,从实验室研究的角度研究科学,从实践的角度考察科学,既延续了 SSK 对科学考察的社会纬度,也开创了新的实践纬度,这无疑有助于我们对科学的全面理解。这种理解不仅仅是为了解决几个传统的科学哲学问题，还在于改造我们的思维。作为一个生活在充斥着科技元素的现实世界的普通人，我们也将是对世界进行干预的一分子，既属于这个世界也去改造这个世界，因为世界也以我们建造世界的方式建造我们。

实验室研究就像一个多彩的万花筒，不同的人可以从中看到不同的信息和材料。基于对实验室的现场考察和理论演进，前期SSK的内部成员逐渐分化，目前看来，他们大致可以分为以下三个派别：第一派是坚持派。他们开始是SSK社会建构论的支持者，实验室研究之后依然是社会建构论的支持者。在他们看来，实验室研究在科学知识生产的微观层面进一步印证了他们的观点，因此，他们所要做的就是将这种社会建构论立场坚持到底，并希望通过实验室这一微观研究场点找到更多的理论证据。诺尔一塞蒂纳可算是这个派别的典型代表。第二派是改良派。这些学者在实验室研究之前是社会建构论的支持者，但在实验室研究开展的过程中，思想逐渐发生了动摇，并试图对社会建构论的主张进行改良。例如拉图尔，开始认同社会建构论，之后，随着实验室研究的开展以及对社会建构论面临困境的反思，他逐渐脱离这一阵营，并在卡隆、劳的基础上提出了行动者网络理论，试图将原来的社会建构论改进为异质建构论，从而解决社会建构论面临的一些问题。第三派可称为革命派。这批人开始持有的依然是社会建构论的立场，但是后来通过对SSK的批判逐渐走向了另一个向度。诸如皮克林，他是从SSK走出的一员，但是当他发现社会建构论的先天缺陷时，他所做的是一边对社会建构论进行批判，一边阐发新的理论。借助对科学的实践理解，在拉图尔以及哈金等人的影响下，他提出了实践的冲撞理论，不仅通过操作性语言描述颠覆了以前建立在表征性语言描述上的诸多问题，而且为当代实践哲学的研究开辟了新的阵地。由此看来，对实验室研究作品的阐释并没有达成统一，所以也就没有出现一个目前大家一致认同的科学观。但就目前的理论发展看，方向基本清晰，若整合一下前人观点，一种作为日常实践的科学观将浮出水面，其理由大致如下。

一、科学活动是日常生活世界的一部分

实验室是科学活动的主要场所，在一般人看来，实验室作为现实世界的一个基本单位，有其内在的特殊性，而这种特殊性可以通过以下三个方面表现出来。第一是实验室或实验中心地点选择的特殊性。以特拉维克所考察的"斯坦福直线加速器中心"为例。由于加速器中心需要较大的空间，并且为了使加速器呈直线，他们选择了地质稳定性比较好的旧金山以南48千米，圣克鲁斯山东边山脚，紧临斯坦福大学的一片空旷的区间。第二是实验室内部物理空间分割的特殊性，这种分割的依据往往与其功能密切相关。以拉图尔考察的位于美国加利福尼亚的萨尔克实验室为例。在拉图尔看来，萨尔克实验室按照其功能的不同，主要被区分为三个不同的区间，第一个区间是生物学实验室，第二个区间是化学实验室，第三个区间则是实验室内的理论研究区。这样的结构和布局完全是由于实验室本身功能的需要而形成的，而这种按照功能的不同所做的物理空间的分割可能与现实生活中的其他部门有所不同。第三，实验室人员配备的特殊性，这种特殊性体现在人员的配备与科学知识生产流程密切相关。同样是萨尔克实验室，在生物学和化学实验室工作的主要是实验员，当然有一部分也可以称为实验家，但是他们的学历层次与理论研究部的理论科学家相比相对较低，他们日常的工作是做实验，记录实验数据并将其递交到理论研究部；而理论研究部的工作人员一般具有博士学位，他们日常不直接做实验，而是将实验区交来的数据进行加工处理，以得出他们的研究成果，并最终形成研究论文公开发表。

但在我们看来，实验室的这种所谓特殊性实际上也可以看成是普遍性。与实验室相比，工业社会中的每一个企业都与其相似。工业企

业的选址要考虑企业的成本以及与当地社区的关系；工业企业的内部空间也会按功能的不同进行区分，作为一个大型的高科技企业，可以将其结构大致分为产品制造部、企业管理部、研究开发部。显然，由于分工的不同，这些部门的人也会具有不同的学历背景和社会地位，不同部门日常工作的内容也会存在一定的差别。由此看来，把实验室比作一个制造知识的工厂尤为合适，唯一不同的是，一般工厂生产出来的可能是现实的产品，而实验室生产出来的则是以科学论文等形式呈现出来的知识。由此看来，科学活动实际是日常生活世界的一个有机的部分，是现代社会的一个普通的部门，在拉图尔看来，科学知识不过是构造知识的社会舞台，现代社会（与其他社会相比）所具有的特质科学活动（包括从事科学活动的场所：实验室）都理当具有。因此，对科学活动或是对科学实验室的分析也就不应该带着既有的成见，而应该将其看作是一个开放的空间。正如"传统人类学研究的目的是了解与现代人不同的原始部落文化；而科学社会学的人类学研究则是说明科学家的文化是现代文化的一部分"①。

二、科学研究遵循常人学的推理逻辑

当代社会的科学研究大多在实验室进行，尤其是所谓的实验室科学（如物理、化学、生物学，甚至以前认为的以观察为主的天文学，现在也由于影像技术的应用而变为一门实验科学）。实验室作为科学活动与科学研究的特定场所，它不是孤立的，不是与世隔绝的，而是现代社会的一个有机的组成部分。作为实验室科学家而言，他们也是现实社会的一分子，用加芬克尔的术语来说，他们也是一些"常人"。由此，他们的思维习惯，他们的行为方式，他们的科学研究也会遵循常人学的推理逻辑，也就是可说明性、反身性、索引性。常人方法论明确反对寻求隐藏的社会学变量，反对把行动者描述为一个文化傀儡。作为常人方法论的坚定推行者，林奇关注科学家在科学研究过程中的可见因素，以一种"常人"的眼光来分析科学家的日常科学实践。虽然诺尔—塞蒂纳是社会建构论的坚定支持者，但基于她的实验室研究所得的第一手资料，还是能够描述科学家的日常科学研究是一个怎样的状态。她的《制造知识》的第二章，"作为索引推理者的科学家：研究的与境性与机会主

---

① 刘珺珺.科学社会学[M].上海：上海科技教育出版社,2009:198.

义"具体地描述了实验室科学家的日常实践。① 无论作者带着一种什么样的眼光去看待科学家的日常实践，但有一点是毋庸置疑的，那就是科学家也是一些普通人，或说是常人，他们在做实验的时候也会经常面临一些机会和选择（例如，是使用 A 还是 B 作为实验材料，他们会估计哪一种效果可能更好，哪一种成本更低，哪一种在手边而另一种却很难找到，这些因素都将左右他们的选择，而这些选择与常人并没有什么本质的不同），而到底如何把握机会或做出选择则与实验室的日常与境密切相关。

科学家既然也是一些普通人或"常人"，那么，作为一种有理性的高级动物，他们的日常研究也是充满"人性"的。事实上，第二次世界大战之后，建立在主客二分模式基础上的现代科学也面临着愈来愈严重的"现代性危机"，而科学丧失人性，科学文化与人文文化的分裂与对抗，还有中西文明的隔阂就是这种现代性危机的直接体现。胡塞尔对这种丧失人性的科学发起了批判，认为这样的科学忘记了理所当然的经验模态（modalities），而这种模态是科学研究得以成立的可能性条件。在胡塞尔看来，这种模态构成了我们日常生活世界的一个组成部分，科学深刻地、不可避免地奠基在日常的生活之中，尽管它具有技术和数学的倾向。而在蒯因看来，科学理论最终应根源于"全然的生活语言"，应来自于我们的日常生活。由此可见，科学研究乃至对于科学研究的分析，都应该将日常生活划归为科学与其他事业的共同基础，把科学理解为一种最终依赖于日常生活的事业。

实际上，常人方法论还对人类行动者如何共同维护一种有意义的社会秩序给予了密切的关注，而作为科学活动的特定空间，实验室实际上是自然秩序与社会秩序的会聚点。我们需要做的，就是描述这种自然秩序与社会秩序的转换如何在实验室中实现，而对这种转换机制的说明应该奠基于日常生活世界之中。诺尔－塞蒂纳借用梅洛－庞蒂（Merleau－Ponty）的术语说："这些机制与过程的特征是'自我——他者——事物'（self－other－things）系统的形式重组，科学所制造的经验的'现象域'（phenomenal field）形式上的重组。作为这些形式重组的一些结果，在社会秩序与自然秩序之间，在行动者与环境之间获得对称

---

① Karin Knorr Cettina. The Manufacture of Knowledge[M].New York：Pergamon Press，1981：33－91.

性关系的结构被改变。"①而梅洛－庞蒂所谓的"自我——他者——事物"系统则"是一个被经历的世界（word－experienced－by），或与力量相关的世界（word－related－to－agents）"②。而实验室则演变为一种改变与力量者相关世界的手段，在必要时它允许科学家利用他们的人际关系的资源。简言之，我们应该将科学家还原为普通人，将科学家的思维习惯和行为方式放在一个日常的背景下，通过对他们日常研究活动的"可说明性""反身性""索引性"的解读，而不是追寻隐藏的社会变量，来描述科学家的日常生活与科学研究过程。

三、科学实践蕴含着过程的实在性与客观性

在皮克林、哈金等人看来，科学是一个过程，而不是一种表征，既不是对自然的表征，也不是对社会的表征，而是一个蕴含过程实在性与客观性的丰富实践过程。科学的这种实践本性不能在原有表征科学观的视域中得到说明，而必须借助于操作性语言描述。只有借助于操作性语言描述，我们才能全面理解作为实践或是作为研究的科学。正如拉图尔所言："在过去的一个半世纪里，科学与社会的关系发生了很大的变化。如果要寻求一种能够反映此种变化的表达，我发现最合适的一句话就是——我们已经从科学（science）转向了研究（research）。科学意味着确定性；而研究则充满着不确定性。科学是冷冰冰的、直线型的、中立的；研究则是热烈的、复杂的、充满冒险的。科学意欲终结人们反复无常的争论；研究则只能为争论平添更多的争论。科学总是试图摆脱意识形态、激情和情感的桎梏，从而产生出客观性；研究则以此为平台，以便使其考察对象通行于世。"③由此看来，传统意义上的科学是一种对确定性的追求，科学仅仅被当作是一种知识而存在，现在我们很

---

① Karin Knorr Cettina. The Couch, the Cathedral, and the Laboratory［M］// Andrew Pickering. Science as Practice and Culture. Chicago：University of Chicago Press，1992：116.

② Karin Knorr Cettina. The Couch, the Cathedral, and the Laboratory［M］// Andrew Pickering. Science as Practice and Culture. Chicago：University of Chisago Press，1992：116.所谓被经历的世界或与力量相关的世界，是指如在一些可利用人造光的文化中，人们将会有一种扩展白昼的手段，结果是比起没有人造光的文化来说，人们将经历不同的世界。

③ 布鲁诺·拉图尔. 我们从未现代过——对称性人类学论集［M］. 刘鹏，安涅思，译. 苏州：苏州大学出版社，2010：中文版序言，1.

有必要将科学看作是一种研究，这种作为研究或实践的科学，将是一种与研究过程中诸多因素相关并在时间链条上的重新聚合。

作为科学实践的过程实在性也可以称为生成的实在性，这种实在性来源于真实的实验科学的混杂之中，在这种混杂中，物质性因素（包括物质设备以及所使用的物质对象）将在实验室科学家的智能实践中被一次次地固化下来，并随着时间的流逝逐渐形成一种主客不分、物我混杂的稳定状态。从这个意义上来说，科学事实或是科学现象是在丰富多彩的物质世界与智能世界的结合中被建造的。而此时被建造出来的科学事实则由于各种因素在研究过程中的固化而具有了生成的实在性，一种过程的实在性便显现了出来。由于科学实践过程包含着多维异质要素在特定时间内的随机耦合，故这种意义上的科学便具有了不可回溯的特质。

科学实践的过程客观性则是指一种与实践过程本身相关的客观性。这种对客观性的理解不同于表征意义下对客观性的理解。作为表征意义下的客观性是通过"求真"原则体现出来的，简略而言就是：科学活动的成果为"真"，以与自然相符合为判定依据；科学活动过程的"真"，科学活动必须尽量祛除人为因素的干扰；科学活动发展的"真"，即科学活动的发展体现在其进步之中，而且这种进步表现在后继理论对真理的不断逼近上。建立在这种意义上的客观性并不被所有人认同，正如一些人调侃地指出，在知识生产中如果能把科学家的双手反绑在他们的身后，便能保证科学的客观性。那么如何来解释科学的成功呢？海德格尔在其《技术的追问》中指出：我们应该将科学视为处在一种"正确"的领域，而不是处在"真实"的领域。

所谓实践过程的客观性，在实践的冲撞理论中，皮克林将其理解为"这种经由与物质力量与各种规训力量（它们本身就不依从于任何个体意义的主体）对抗而实现的对人类力量的动机性结构的脱离便是冲撞所展示给我们的科学的客观性的基本内涵"。① 如何实现这种所谓的"对人类力量的动机性结构的脱离"呢？在我们看来，实验室中的一切异质性要素包括人类、理论以及作为技术产品的仪器设备，都是平权的，都有自己的生命。波普尔在"客观知识——世界三"中认为"理论也有其自身的生命"；海德格尔基于对技术的深刻分析指出："技术有其自己的生命"。而实验室作为多种异质性因素的交互空间，无论是从"实

---

① Andrew Pickering. The Mangle of Practice: Time, Agency, and Science[M]. Chicago: University of Chicago Press, 1995: 195.

践的冲撞"还是从"表征与干预"的语境出发,我们都可以将实验室的科学实践看作是多种生命相互作用的过程(以观念的形式存在的理论、以仪器设备存在的技术产品以及以科学家身份存在的人类),这种交互作用的过程在时间维度上的逐渐展开便表现为过程的客观性。就如同哈金所说的那样:"实验有其自己的生命",而实验的生命就是一种过程客观性的体现。而如果我们将自身作为自然的一部分,而后去理解自然,这种过程的客观性将会变得更加明晰。

综上所述,科学不再是一种追求现象背后隐藏本质的活动,而是一种日常的实践,这种实践有其常人学的推理逻辑。作为日常实践的科学在一种历史性与情景性的突现中实现更替,而这种更替就像地质分层构造中不同生物的化石一样,在逐渐进化与不断创生中实现永恒。

参考文献

中文部分

1.邱德胜.论实验室研究的理论渊源[J].科学学研究,2013.

2.洪谦.现代西方哲学论著选辑[M].北京:商务印书馆,1993.

3.刘大椿,刘永谋.思想的攻防——另类科学哲学的兴起和演化[M].北京:中国人民大学出版社,2010.

4.安德鲁·皮克林.作为实践和文化的科学[M].柯文,伊梅,译.北京:中国人民大学出版社,2006.

5.威拉德·蒯因.从逻辑的观点看[M].江天骥,等译.上海:上海译文出版社,1987.

6.伊·拉卡托斯.科学研究纲领方法论[M].兰征,译.上海:上海译文出版社,1986.

7.托马斯·库恩.必要的张力——科学的传统和变革论文集[M].范岱年,纪树立,等译.北京:北京大学出版社,2004.

8.李建华.科学哲学[M].北京:中共中央党校出版社,2004.

9.理查德·罗蒂.哲学和自然之镜[M].李幼蒸,译.北京:商务印书馆,2003.

10.理查德·罗蒂.后哲学文化[M].黄勇,编译.上海:上海译文出版社,1992.

11.胡塞尔.欧洲科学的危机与超越论的现象学[M].王炳文,译.北京:商务印书馆,2001.

12.马丁·海德格尔.海德格尔选集[M].孙周兴,选编.上海:上海三联书店,1996.

13.赫伯特·马尔库塞.单向度的人——发达工业社会意识形态研究[M].刘继,译.上海:上海译文出版社,2008.

14.尤尔根·哈贝马斯.认识与兴趣[M].郭官义,李黎,译.上海:学林出版社,1999.

15.马克思,恩格斯.马克思恩格斯全集(第13卷)[M].北京:人民出版社,1962.

16.卡尔·曼海姆.意识形态和乌托邦[M].艾彦,译.北京:华夏出版社,2001.

17.R.K.默顿.科学社会学——理论与经验研究(上)[M].鲁旭东,林聚任,译.北京:商务印书馆,2003.

18.R.K.默顿.十七世纪英国的科学、技术与社会[M].范岱年,等译.成都:四川人民出版社,1986.

19.托马斯·库恩.科学革命的结构[M].金吾伦,胡新和,译.北京:北京大学出版社,2003.

20.江怡.维特根斯坦:一种后哲学的文化[M].北京:社会科学文献出版社,1996.

21.罗素.人类的知识[M].张金言,译.北京:商务印书馆,1983.

22.郭俊立.科学的文化建构论[M].北京:科学出版社,2008.

23.斯蒂芬·科尔.科学的制造:在自然界与社会之间[M].林建成,王毅,译.上海:上海人民出版社,2001.

24.徐杰舜.人类学教程[M],上海:上海文艺出版社,2005.

25.庄孔韶.人类学通论[M],太原:山西教育出版社,2002.

26.邱慧.科学知识社会学中的科学合理性问题[D].浙江:浙江大学,2004.

27.鲁思·本尼迪克特.菊与刀——日本文化的类型[M].吕万和,等译.北京:商务印书馆,1990.

28.布鲁诺·拉图尔,史蒂夫·伍尔加.实验室生活:科学事实的建构过程[M].张伯霖,刁小英,译.北京:东方出版社,2004.

29.卡林·诺尔-塞蒂纳.制造知识—建构主义与科学的与境性[M].王善博,等译.北京:东方出版社,2001.

30.布鲁诺·拉图尔.科学在行动——怎样在社会中跟随科学家和工程师[M].刘文旋,郑开,译.北京:东方出版社,2005.

31.弗斯特,斯克爱英.自然主义[M].任庆平,译.北京:昆仑出版社,1989.

32.伯纳德·巴伯.科学与社会秩序[M].顾昕,郏斌祥,赵雷进,译.北京:三联书店,1991.

33.尼古拉斯·布宁,余纪元.西方哲学英汉对照词典[M].王柯平,等译.北京:人民出版社,2001.

34.巴里·巴恩斯,等.科学知识:一种社会学分析[M].邢冬梅,蔡仲,译.南京:南京大学出版社,2003.

35.刘珺珺.科学社会学[M].上海:上海科技教育出版社,2009.

36.沙伦·特拉维克.物理与人理——对高能物理学家社区的人类学考察[M].刘珺珺,张大川,等译.上海:上海科技教育出版社,2003.

37.侯钧生.西方社会学理论教程(第二版)[M].天津:南开大学出版社,2006.

38.赵万里.科学的社会建构:科学知识社会学的理论与实践[M].天津:天津人民出版社,2001.

39.北京大学哲学系,外国哲学史教研室.古希腊罗马哲学[M].北京:商务印书馆,1961.

40.杨祖陶,邓晓芒.康德"纯粹理性批判"指要[M].北京:人民出版社,2001.

41.哈里·柯林斯.改变秩序:科学实践中的复制与归纳[M].成素梅,张帆,译.上海:上海科技教育出版社,2007.

42.布鲁诺·拉图尔.我们从未现代过——对称性人类学论集[M].刘鹏,安涅思,译.苏州:苏州大学出版社,2010.

43.范·弗拉森.科学的形象[M].郑祥福,译.上海:上海译文出版社,2005.

44.拉瑞·劳丹.进步及其问题[M].刘新民,译.北京:华夏出版社,1999.

45.刘大椿,张林先.科学的哲学反思——从辩护到审度的转换[J].教学与研究,2010(2).

46.田松.科学人类学:一个正在发展的学术领域[J].云南社会科学,2006(3).

47.万辅彬.从少数民族科技史到科技人类学[J].广西民族学院学报(哲学社会科学版),2002(3).

48.刘珺珺.科学社会学的"人类学转向"和科学技术人类学[J].自然辩证法通讯,1998(1).

49.刘珺珺.科学技术人类学:科学技术与社会研究的新领域[J].南开学报(哲学社会科学版),1999(5).

50.赵名宇.科技人类学的盛会——第16届国际人类学与民族学世界大会科技人类学专题论坛综述[J].自然辩证法研究,2010(1).

51.蔡仲.后现代相对主义与反科学思潮[M].南京:南京大学出版社,2003.

52.尤尔根·哈贝马斯,作为"意识形态"的技术与科学[M].李黎,郭官义,译.上海:学林出版社,1999.

53.马丁·海德格尔.存在与时间[M].陈嘉映,王庆节,译.北京:生活·读书·新知三联书店,2006.

54.伽达默尔.科学时代的理性[M].薛华,等译.北京:国际文化出版公司,1988.

55.米歇尔·福柯.规训与惩罚[M].刘北成,杨远婴,译.北京:生活·读书·新知三联书店,1999.

56.让-弗朗索瓦·利奥塔.后现代状况:关于知识的报告[M].岛子,译.长沙:湖南美术出版社,1996.

57.郭俊立,科学的文化建构论[M].北京:科学出版社,2008.

58.郭明哲,行动者网络理论(ANT)——布鲁诺·拉图尔科学哲学思想研究[D].复旦大学,2008.

59.伊恩·哈金.驯服偶然[M].刘钢,译.北京:中央编译出版社,2000.

60.伊恩·哈金.表征与干预:自然科学哲学主题导论[M].王巍,孟强,译.北京:科学出版社,2011.

61.J·D·贝尔纳.科学的社会功能[M].陈体芳,译.北京:商务印书馆,1982.

62.卡尔·波普尔.猜想与反驳[M].傅季重,等译.上海:上海译文出版社,1986.

63.卡尔·波普尔,科学知识进化论[M].纪树立,等编译.北京:生活·读书·新知三联书店,1987.

64.保罗·格罗斯,诺曼·莱维特.高级迷信:学术左派及其关于科学的争论[M].孙雍君,张锦志,译.北京:北京大学出版社,2008.

65.苏珊·哈克.理性地捍卫科学[M].曾国屏,袁航,译.北京:中国人民大学出版社,2008.

66.诺里塔·克瑞杰.沙滩上的房子——后现代主义者的科学神话曝光[M].蔡仲,译.南京:南京大学出版社,2003.

67.约瑟夫·劳斯,知识与权力——走向科学的政治哲学[M].盛晓明,等译.北京:北京大学出版社,2004.

68.迈克尔·林奇.科学实践与日常活动:常人方法论与对科学的社会研究[M].邢冬梅,译.苏州:苏州大学出版社,2010.

69.安德鲁·罗斯,科学大战[M].夏侯炳,郭伦娜,译.南昌:江西教育出版社,2002.

70.安德鲁·皮克林,实践的冲撞——时间、力量与科学[M].邢冬梅,译.南京:南京大学出版社,2004.

71.希拉里·普特南.理性、真理与历史[M].李幼蒸,译.沈阳:辽宁教育出版社,1988.

72.奥利卡·舍格斯特尔.超越科学大战[M].黄颖,赵玉桥,译.北京:中国人民大学出版社,2006.

73.艾伦·索卡尔,等.索卡尔事件与科学大战:后现代视野中的科学与人文的冲突[M].蔡仲,等译.南京:南京大学出版社,2002.

74.史蒂芬·夏平.真理的社会史[M].赵万里,等译.南昌:江西教育出版社,2002.

75.史蒂芬·夏平,西蒙·谢弗.利维坦与空气泵:霍布斯、玻意耳与实验生活[M].蔡佩君,译.上海:上海人民出版社,2008.

76.西奥多·夏兹金,卡琳·诺尔·塞蒂纳,艾克·冯·萨维尼.当代理论的实践转向[M].柯文,石诚,译.苏州:苏州大学出版社,2010.

77.邢冬梅.实践的科学与客观性回归[M].北京:科学出版社,2008.

78.巴里·巴恩斯.科学知识与社会学理论[M].鲁旭东,译.北京:东方出版社,2001.

79.巴里·巴恩斯.局外人看科学[M].鲁旭东,译.北京:东方出版社,2001.

80.迈克尔·波兰尼.个人知识[M].许泽民,译.贵州:贵州人民出版社,2000.

81.大卫·布鲁尔.知识和社会意向[M].艾彦,译.北京:东方出版社,2001.

82.迈克尔·马尔凯,科学社会学理论与方法[M].林聚任,等译.北京:商务印书馆,2006.

83.迈克尔·马尔凯,科学与知识社会学[M].林聚任,等译.北京:东方出版社,2001.

84.约翰·齐曼.元科学导论[M].刘珺珺,等译.长沙:湖南人民出版社,1988.

85.维特根斯坦.哲学研究[M].李步楼,译.北京:商务印书馆,1996.

86.吴彤.复归科学实践——一种科学哲学的新反思[M].北京:清华大学出版社,2010.

英文部分

1.Michael Mulkay. Science and the Sociology of Knowledge[M]. London：George Allen and Unwin，1979.

2.Barry Barnes，David Bloor&John Henry. Scientific Knowledge：A Sociological Analysis［M］. Chicago：University of Chicago Press，1996.

3.David Bloor. Knowledge and Social Imagery[M].Chicago：University of Chicago Press，1991.

4.Harry Collins. Changing Order[M].Beverly Hills：SAGE Publications LTD，1985.

5.Bruno Latour&Steve Woolgar. Laboratory Life[M].Princeton：Princeton University Press，1986.

6.Bruno Latour.We Have Never Been Modern[M]. Cambridge：Harvard University Press，1993.

7.Andrew Pickering. The Mangle of Practice：Time，Agency，and Science[M]. Chicago：University of Chicago Press，1995.

8.Michael Lynch. Scientific Practice and Ordinary Action［M］. London：Cambridge University Press，1997.

9.Michael Lynch. Art and Artifact in Laboratory Science：A Study of Shop Work and Shop Talk in a Research Laboratory[M]. London：Routledge & Kegan Paul，1985.

10.Sharon Traweek. Beamtimes and Lifetimes：The World of High Energy Physicists ［M］. Cambridge：Harvard University Press，1988.

11.Harlod Garfinkel. Studies in Ethnomethodology［M］. New Jersey：Prentice Hall ，1967.

12.Ian Hacking. Representing and Intervening[M]. Cambridge：Cambridge University Press，1983.

13.Bruno Latour. Science in Action：How to Follow Scientists and Engineers Through Society[M]. Milton Keynes：Open University Press，1987.

14.Karin Knorr Cettina. The Manufacture of Knowledge[M].New York：Pergamon Press，1981.

15.Barry Barnes. Kuhn and Social Science[M]. London：The Macmillan Press,1982.

16.Barry Barnes. About Science[M], Oxford：Basil Blackwell Ltd,1985.

17.Cole Stephen. Making Science：Between Nature and Society [M]. Cambridge：Harvard University Press，1995.

18.Harry Collins. Sociology of Scientific Knowledge[M]. Bath ：Bath University Press，1982.

19.Bruno Latour. The Pasteurization of France[M].Cambridge：Harvard University Press，1988.

20.Bruno Latour.Reassembling the social：An Introduction to Actor － Network － Theory［M］. New York：Oxford University Press，2005.

21.Anders Blok，Torben Elgaard Jensen. Bruno Latour. Hybrid Thoughts in a Hybrid World[M]. New York：Routledge，2011.

22. Michael Mulkay. The World and the Word［M］. London：George Allen and Unwin，1985.

23. Collin Wright. The Rationality of Science［M］. Boston：Routledge&Kegan Paul，1981.

24.Steven Shapin，Simon Schaffer. Leviathan and the Air－Pump [M]. Princeton：Princeton University Press，1985.

25.Steve Woodger. Virtual Society? Technology，Cyberbole，Reality [M]. New York：Oxford University Press，2002.

后记

　　时光易逝，博士毕业已整整三年，原本打算将不太完善的博士论文再作修改，无奈回到工作岗位之后，教学科研任务繁重，也就忘了。2015年春天，西南大学政治与公共管理学院哲学系锐意进取，组织编写《缙云哲学论丛》系列丛书，恰好我也申请到两个与本博士论文密切相关的博士后特别资助项目，由此激起我在博士论文基础上作进一步研究的热情。目前大家看到的这个东西，既可以看作是我博士论文的修改稿，也可视为是博士后项目的结题报告。相对原来的博士论文而言，主要增加了一些较新的资料，引入了一些较为新近的观点。在修改博士论文的过程中，我的思绪在不知不觉中又回到那段紧张而又充实的过往岁月……

　　2002年秋天，我从原本钟爱的物理学专业考入了华中科技大学哲学系，由此开启了我的哲学人生，一晃已过去十三个年头。然而，十三年的哲学学习给我的体验是，学哲学真难。这种"难"主要表现在从理学思维向哲学思辨的转换上。它们的话语体系是如此之不同，以致我在涉入哲学不久便有了退出的念头。不过，在华中科技大学哲学系三年的研习，得益于导师钟书华教授的悉心指点，使我逐渐迈入了哲学的大门。而硕士毕业后在西南大学政治与公共管理学院哲学系近十年的任教经历，使我对哲学有了好感和新的体悟，哲学的学习与思考才开始成为我日常生活的一部分。

　　时光荏苒，2009年秋，我来到中国人民大学哲学院攻读科学技术哲学博士学位，转眼就是三年。导师刘大椿先生高瞻远瞩，不仅通过专著的写作来训练我的文笔，还敦促我研读大量的专业主文献。一方面开阔了我的视野，另一方面也使我在写作博士论文之时有驾轻就熟之感。然而，学无止境，在博士论文的写作中，刘先生高屋建瓴，每每在我写作陷入困境之时总能给予及时而中肯的指导。刘先生的态度固然温和，但对论文质量的要求确是一点都没有降低，这使我丝毫不敢有所懈怠。师母万老师的和蔼与高洁以及对我学习与生活的悉心关照，常常令我感动。现在回想起来，写作博士论文的过程，也是一个磨炼心智的过程，既有下笔如有神的冲动，也有一筹莫展的愁苦，然而，论文的最后一个句号总算还是勾画了出来。

在人大学习的三年，也是我提高最快的三年。在哲学院前辈学仁王鸿生、刘晓力、何立松等教授的热情指点下，在刘劲杨、刘永谋、马建波等后起之秀的积极鞭策下，我不敢有片刻停留。博士论文答辩之际，清华大学吴彤教授、中国社会科学院哲学所肖显静教授、北京师范大学刘孝廷教授、中国人民大学王伯鲁教授以及恩师刘大椿先生仔细审阅了我的论文，并对论文的进一步完善提出了诸多中肯的意见和建议，在此谨致谢忱。

读博的三年，让我不能忘怀的还有我的同窗好友以及在我们在林间散步、觥筹交错间建立起来的纯真友谊。应该说，博士学业的顺利完成离不开黄婷博士、洪眉博士、肖鹏博士、胡克明博士、成联方博士、张楠木博士、张永路博士、陈忠炜博士等同窗好友的大力帮助与精神支持。此外，同门师兄妹孙晶晶博士、戴荣里博士、王东博士、赵鹰博士等的支持与关爱也令我难以忘怀。

博士学业的完成离不开师友的精心指导与思想支持，也离不开家人的悄然陪伴与默默奉献。读博的三年，已过七旬的父母时时挂牵着我的学业，而我却很少有时间去尽为人子之孝道；年过花甲的岳母为了宝贝女儿的健康成长倾注了全部的心血，而结发妻子在大学授课之余，还得为我的学业担忧。好在这一切总算是过去了，希望接下来的日子能够弥补这三年我为人子、为人夫、为人父本不该有的缺位。

最后，博士论文的完成离不开学界前辈刘珺珺、赵万里、马来平、柯文、蔡仲、盛晓明、邢冬梅、郭俊立等诸多国内知名学者的文献支持与思想资源。而本书的最终出版更得益于中国博士后科学基金会、重庆博士后管理办公室等在研究经费方面的大力支持。此外，我于2015年3月开始赴英国卡迪夫大学知识、专业知识与科学研究中心进行为期一年的访学交流，期间，我的合作导师卡迪夫大学杰出研究教授哈里·柯林斯为本书的修改提出了诸多中肯的意见和建议，西南师范大学出版社尹清强编辑以及我的硕士生邓寓分则为本书的如期出版做了大量的编辑校对工作，在此一并表示诚挚的感谢！

呈现在读者面前的这部著作犹如初生的婴儿，她还很稚嫩，诸多方面还是一些初步的尝试，若能得到学界同仁的不吝赐教，吾辈必将感激之至。

邱德胜

2015 年 7 月 5 日于英国卡迪夫大学